林木固碳效应与绿色保障

秦磊　郭明辉　李坚　著

化学工业出版社
·北京·

《林木固碳效应与绿色保障》介绍了人工林红松木材解剖和物理特征对木材碳素储存量的影响、不同经营措施（立地条件、气候条件、培育措施）对木材碳素储存量的影响、木材碳素储存量的分形研究、木制品碳素储存周期的评价、木材的绿色保障等内容。

本书适合从事木材学、林业工程以及环保工程的技术人员参考。

图书在版编目（CIP）数据

林木固碳效应与绿色保障/秦磊，郭明辉，李坚著.
北京：化学工业出版社，2018.10
ISBN 978-7-122-32861-8

Ⅰ.①林… Ⅱ.①秦…②郭…③李… Ⅲ.①林木-碳-储量-研究 Ⅳ.①S718.4

中国版本图书馆CIP数据核字（2018）第188742号

责任编辑：邢　涛　　　　装帧设计：韩　飞
责任校对：王素芹

出版发行：化学工业出版社（北京市东城区青年湖南街13号　邮政编码100011）
印　　刷：北京京华铭诚工贸有限公司
装　　订：三河市瞰发装订厂
710mm×1000mm　1/16　印张11¾　字数230千字
2018年9月北京第1版第1次印刷

购书咨询：010-64518888（传真：010-64519686）　售后服务：010-64518899
网　　址：http://www.cip.com.cn
凡购买本书，如有缺损质量问题，本社销售中心负责调换。

定　　价：88.00元

前言

全球变暖是人类社会可持续发展面临的重大挑战之一，主要是由人类活动所制造的温室气体特别是CO_2的不断增加导致。随着全球温室效应问题的越来越严重，固定和储存CO_2已经成为当今全球暖化研究的重要内容。而树木作为森林的主要组成部分，通过光合作用吸收大气中大量的CO_2，再将碳素储存在体内，可以降低大气中CO_2的浓度，减缓温室效应。木材作为树木的主体，是一种环保、节能、可再生以及可循环利用的生态材料，木材中含有碳超过50%，所以，利用木材固定和储存碳素，是平衡大气中CO_2含量、节能减排及提高生态效益的有效途径，具有不可替代的内在价值。

木材比同种用途的其他材料在工业和生活用材上更能突显出碳素储存、低碳节能的优越性。就此，本书着重介绍了木材的固碳效应与绿色保障问题。全书共分7个部分，分别介绍林木固碳效应与绿色保障研究方法；木材解剖和物理特征对碳素储存量的影响；经营措施对木材碳素储存量的影响；人工林木材碳素储存量的分形研究；木制品碳素储存周期的评价；木材的绿色保障等。本书从多角度综合分析了林木的固碳效应和绿色保障，引入了国内外较新的研究成果和论点论据，注重科学应用，学科交叉性强，并与具体生产实际紧密结合，为高固碳效果林木的定向经营和碳平衡的深入研究提供了理论依据。本书可供木材学、木材加工、木材保护、木材循环利用、林学等领域的研究人员、技术人员以及高等院校师生参考。

本书由黑龙江省应用技术研究与开发计划“结构用木质复合材料构件制造关键技术与示范”（合同编号GX16A002）、高等学校博士学科点专项科研基金项目“红松人工林及其木制品生物固碳机制的研究”(20110062110001)、云南省教育厅科学研究基金项目(2018JS344)共同资助完成。特致殷切谢意!

限于著者水平有限,书中不足之处在所难免,恳请有关专家和广大读者批评指正,提出宝贵建议。

秦 磊

2018 年 6 月

目录

1 绪论 1

1.1 环境与发展 …… 1

1.1.1 全球气候变化对森林生态系统的影响 …… 2

1.1.2 应对气候暖化的行动 …… 3

1.1.3 碳素储存理论的提出 …… 4

1.1.4 固碳价值的研究 …… 5

1.2 林木的固碳效应 …… 6

1.2.1 森林生态系统的碳平衡问题 …… 6

1.2.2 森林生态系统的固碳功能 …… 6

1.2.3 木材及木制品碳素的储存 …… 8

1.2.4 林木固碳研究的发展趋势 …… 10

1.3 主要研究内容 …… 10

1.3.1 木材解剖和物理特征对碳素储存量的影响 …… 10

1.3.2 经营措施对木材碳素储存量的影响 …… 11

1.3.3 木材碳素储存量的分形研究 …… 11

1.3.4 木制品碳素储存周期的评价 …… 11

1.3.5 木材的绿色保障 …… 11

参考文献 …… 12

2 林木固碳效应与绿色保障研究方法 17

2.1 试验材料 …… 17

2.1.1 人工林红松的资源现状 …… 17

2.1.2 试样采集 …… 17

2.2 技术路线 …… 19
2.3 试样制备与测试方法 …… 20
2.3.1 木材碳素储存量的计算 …… 20
2.3.2 木材解剖特征的测定 …… 21
2.3.3 木材物理特征的测定 …… 23
2.4 数据处理与分析方法 …… 24
参考文献 …… 25

3 木材解剖和物理特征对碳素储存量的影响 27
3.1 木材碳素储存量的径向变异 …… 27
3.2 木材解剖特征对碳素储存量的影响规律 …… 29
3.2.1 管胞长度 …… 29
3.2.2 管胞直径 …… 33
3.2.3 管胞壁厚 …… 36
3.2.4 长宽比 …… 38
3.2.5 壁腔比 …… 41
3.2.6 胞壁率 …… 42
3.2.7 微纤丝角 …… 45
3.3 木材物理特征对碳素储存量的影响规律 …… 48
3.3.1 生长轮密度 …… 48
3.3.2 生长轮宽度 …… 51
3.3.3 晚材率 …… 54
3.3.4 生长速率 …… 56
参考文献 …… 60

4 经营措施对木材碳素储存量的影响 61
4.1 林木的碳素储存 …… 62
4.1.1 森林固碳量的来源与形成过程 …… 63
4.1.2 不同经营措施对森林碳汇的影响 …… 63

4.2 不同立地条件下的木材碳素储存 …… 65
4.2.1 人工林生长与立地条件的关系 …… 65
4.2.2 地理位置 …… 67
4.2.3 坡位 …… 69
4.2.4 土壤类型 …… 77
4.3 不同气候条件下的木材碳素储存 …… 81
4.3.1 人工林生长与气候因子的关系 …… 82
4.3.2 平均气温 …… 84
4.3.3 平均地温 …… 85
4.3.4 日照百分率 …… 86
4.3.5 相对湿度 …… 89
4.3.6 降水量 …… 91
4.3.7 气候因子交互影响 …… 93
4.4 不同培育措施下的木材碳素储存 …… 99
4.4.1 人工林生长与培育措施的关系 …… 100
4.4.2 林分结构 …… 101
4.4.3 初植密度 …… 104
4.4.4 间伐与未间伐 …… 105
4.5 高碳素储存量的优质人工林经营措施 …… 110
参考文献 …… 111

5 人工林木材碳素储存量的分形研究 115

5.1 分形理论 …… 115
5.1.1 分形理论的定义及种类 …… 115
5.1.2 分形维数 …… 118
5.1.3 分形理论在木材科学中的应用 …… 120
5.1.4 分形理论的发展趋势 …… 121
5.2 不同地理位置木材碳素储存量的分形研究 …… 121
5.2.1 木材碳素储存量的径向变异比较 …… 121
5.2.2 幼龄材碳素储存量的分形分析 …… 123

5.2.3 成熟材碳素储存量的分形分析 …… 126
5.3 不同坡向木材碳素储存量的分形研究 …… 129
5.3.1 木材碳素储存量的径向变异比较 …… 129
5.3.2 幼龄材碳素储存量的分形分析 …… 131
5.3.3 成熟材碳素储存量的分形分析 …… 132
参考文献 …… 135

6 木制品碳素储存周期的评价 138
6.1 木材碳素储存的延伸 …… 138
6.1.1 木材的碳素储存与排放过程 …… 138
6.1.2 木材保护技术 …… 140
6.2 木制品的碳素储存 …… 143
6.2.1 木制品的分类 …… 143
6.2.2 木制品的碳素储存 …… 145
6.3 木制品碳素储存周期的评价 …… 146
6.3.1 木制品的生命周期 …… 146
6.3.2 木制品碳素储存周期的评价 …… 149
参考文献 …… 153

7 木材的绿色保障 157
7.1 木材的生态学属性 …… 157
7.1.1 木材的自然美与艺术特性 …… 157
7.1.2 木材的生物结构特性 …… 162
7.1.3 木材与生态环境的相互关系 …… 162
7.2 木材的环境学属性 …… 163
7.2.1 环保的“4R”原则 …… 163
7.2.2 木材是一种“多R”材料 …… 163
7.2.3 木材的多R特性与环境响应 …… 165
7.2.4 木材的节能减排与环境效应 …… 166

7.3　木材的智能性调节功能 …………………………………………… 168
7.3.1　木材的隔热性与温度调节 ………………………………… 168
7.3.2　木材的吸湿性与湿度调节 ………………………………… 169
7.3.3　木材的生态性与生物调节 ………………………………… 170
7.4　木材是绿色环境人体健康的贡献者 ………………………… 176
7.4.1　木材与绿色环境生态效益 ………………………………… 176
7.4.2　木材与人体健康 …………………………………………… 176
参考文献 ………………………………………………………………… 177

1 绪论

1.1 环境与发展

20 世纪，是人类科学技术得到突飞猛进发展的一个时代。人类依靠着所取得的技术对地球上各种自然资源展开了大范围、超强度的开发和利用，从而令人类社会出现了飞快的进步和发展。但同时，紧随而来的却是人类赖以生存的环境的问题，由于各种自然资源受到了严重的破坏，人类的生存受到了比较严重的威胁，从而使保护环境、维持生态平衡变得越发重要了。由此，环境与发展已经是当今社会普遍关注的热点问题之一[1]。

气候变暖是全球十大生态问题之首[2,3]。由于人口的普遍增加、人类生产和社会活动的规模日益增大，在这过程中，人类向大气排放了大量的二氧化碳、一氧化碳、甲烷、一氧化二氮等多种温室气体，其浓度大幅度增加，并导致了大气成分发生严重的变化，从而使气候受到影响，导致气候逐渐暖化[4~6]。而且，全球变暖的事实也已经被大量观测和研究数据所证实，例如，在 1861 年至 2000 年之间，全球地表的平均温度升高了大约 0.6℃，由此，更增强了人们的生态和环保意识[7,8]。

目前，全球气候暖化已经是一个人类需要共同面对和解决的问题。全球变暖是一种生态灾难，它将对人类的生产和生活产生重大的影响；它不仅是一个气候变暖的趋势，温度的增加可以导致很多其他方面的问题，例如，较高的温度可以融化极地的冰川，使海平面升高，也可能引起一系列灾害性的天气事件，使气候状况反常或造成旱涝等严重灾害；气候变暖更会影响人类的健康，能加大疾病的危险性及增加传染疾病等[9]。据资料显示，过去的十年，异常的天气事件和自然灾害数量大约是之前 50 年所发生事件的 4 倍。究其根源，主要是由人类生产活动所制造出的以二氧化碳为主的温室气体的不断增加而导致[10]。

1.1.1 全球气候变化对森林生态系统的影响

自工业革命以来，由于人类活动的直接或间接影响，许多温室气体的浓度都明显增加。大气 CO_2 浓度从 280mg/L 升高到 365mg/L，预计 21 世纪末将达到 700mg/L，大气 CO_2 浓度的迅速升高引起了国际社会的高度关注[11]。在过去几十年里，大气 CO_2 浓度的增加 70%～90%来自化石燃料的燃烧，其余（10%～30%）主要由于土地利用的变化所致，特别是森林砍伐[12]。由于大气 CO_2 浓度增加导致了明显温室效应，并影响到全球碳循环，因此相关研究已经引起了世界各国的关注[13,14]。

由于森林与气候之间存在着密切的关系，气候的变化将不可避免对森林产生一定的影响。气候变化对森林的影响主要表现在改变了森林生态系统的分布、树种组成以及森林土壤的分布与性质等[15]。

第一，每类生态系统中都包含着众多的物种，虽然这些物种生长在同一气候条件下，但对气候变化的适应能力却不同。在剧烈的气候变化条件下，某些物种可能会因完全不能适应而死亡，另一些则仍然能够生存，变化后的条件还有可能更适合于区域物种的入侵，从而导致森林生态系统的结构发生变化[16]。第二，森林生产力是衡量树木生长状况和生态系统功能的主要指标之一，气候变化强烈地影响着森林生产力，森林生产力分布格局主要取决于气候环境的水热条件[17]，这是研究中国森林生态系统对全球气候变化响应很重要的一方面。第三，随着全球气候的变化，植物的物候也将发生显著变化。冬季和早春温度的升高使春季提前到来，从而影响植物的物候，使它们提早开花放叶，这将对那些在早春完成其生活史的林下植物产生不利的影响，甚至有可能使其无法完成生命周期而导致灭亡，从而导致森林生态系统的结构和物种组成的改变。第四，气候变化影响着森林土壤碳氮循环过程，其中温度和降雨等是直接影响土壤碳氮循环过程（特别是土壤 C 库和 N 库及 C、N 微量气体排放）的直接或间接的关键因子。具体来说，气候变化对森林土壤碳氮循环过程的影响主要表现在其对森林土壤碳库和氮库、土壤呼吸以及土壤甲烷和氧化亚氮排放的影响方面。

综上所述，全球气候变化对森林生态系统的影响是多方面的，要正确评价全球气候变化对中国森林生态系统的影响，就必须对森林与气候和其他环境因子及森林间的相互作用进行全面和充分的了解。

1.1.2 应对气候暖化的行动

在1979年于瑞士日内瓦召开的日内瓦会议中，科学家们提出了重要警告，即大气中的二氧化碳气体的浓度在逐年增加，将会导致地球的温度升高；这是气候暖化问题第一次被正式提出，而且是作为国际社会所共同关注的问题。1992年在巴西里约热内卢举行的联合国大会中，《联合国气候变化框架公约》在全球首脑会议上通过，这是世界上第一个应对全球气候变暖的国际公约，目的是为了全面地控制温室气体的排放[18]。1997年，第三次缔约方大会在日本京都召开，会议通过了《京都议定书》这一国际性的著名公约，其主要目的就是为了减少全球的温室气体排放，抑制全球变暖，由此来维护生态平衡。此公约已经于2005年2月16日在全球正式生效[19,20]。2007年于巴厘岛召开的联合国气候变化大会通过了《巴厘岛路线图》，主要是针对气候暖化、气候异常而提出解决措施，这是全人类联合抑制全球暖化的一次非常重要的行动。2009年在丹麦哥本哈根召开的气候大会，达成了《哥本哈根协议》，这是一个新的应对气候暖化的国际协议，被称为“拯救全人类全社会的最后一次机会”的会议。2010年，《联合国气候变化框架公约》与《京都议定书》的气候谈判会议在中国天津召开，国际代表们对气候异常问题进行了深刻讨论，并达成了环保的共识。2010年底在墨西哥坎昆召开的气候大会通过了《坎昆协议》，达成了开发低碳发展的战略，这是应对气候暖化的又一份重要协议[21]。

2009年8月于北京召开的国务院常务会议上，温家宝总理提出，要把应对气候暖化纳入到国家的“十二五”规划中，以促进我国的低碳经济发展，以及对生态平衡的保护。2009年9月举行的联合国气候变化峰会上，胡锦涛主席曾提出，我国将会把处理气候暖化和气候异常的使命纳入到经济、社会发展的规划当中。由此可见，绿色发展、低碳发展已经成为国际和国内的重要发展之路。同时，相应的碳素储存理论应时出现。

1.1.3 碳素储存理论的提出

如何应对气候暖化所引起的各方面问题，国际和国内社会已共同行动。2007年，世界经济论坛年会于达沃斯举行，在这个会议上，气候变化成了首要问题，它超过了恐怖主义，以及阿以冲突等问题。所以，对二氧化碳等温室气体的抑制行动至关重要，寻找和确定二氧化碳的“源”与“汇”已成为当今全球研究的重要内容[22]。同时，碳素储存的问题由此出现。

在全球开展的碳素储存减排研究中，森林碳汇发挥了重要作用[23,24]。所谓森林碳汇是指植物通过光合作用将大气中的温室气体（二氧化碳）吸收，并以生物量的形式贮存在植物体内和土壤中，从而减少二氧化碳在大气中的浓度的过程；也就是说，森林碳汇是从空气中去除二氧化碳等温室气体的活动、过程或机制。由此，我们应积极开展植树造林工作，扩大森林面积，提高碳“汇”效应[25]。

树木是陆地生态系统中碳蓄积量巨大、碳储量最高的生物质，它在生长中形成了木质部（生物质的主体），即木材。构成木材的元素有27种以上，其中含碳50%、氢6.4%和氧42.6%，其他成分共约1%，也就是说木材实际重量的一半是碳元素。可见，木材是一个巨大的碳素储存库，研究其碳素储存极为重要。

当树木在进行光合作用时，自幼林生长开始就在吸收二氧化碳并呼出新鲜氧气，起着为地球储存碳素并供氧的重担。科学研究表明，“一棵20年生的树，一年可吸收约11～18kg二氧化碳”，“林木每生长$1m^3$，平均吸收1.83t二氧化碳，释放1.62t氧气”。可见，树木的碳素储存能力非常巨大。

树木的光合作用反应式如下：

$$6CO_2+6H_2O\xrightarrow{\text{光能}}C_6H_{12}O_6(\text{葡萄糖})+6O_2\uparrow$$

按光合作用反应式看，每生产约1t生物量，可吸收二氧化碳约1.6t，释放约1.2t的氧气，固定大约0.5t碳。正是由于光合作用，使树木将吸收的二氧化碳储存起来，固定在树木中的各个部分。其中树干是树木的主体，是主要的碳库，而木材来源于树干，因此木材含有的特征能有效反应树木的碳素储存能力。

树木在采伐后，进行造材和制材，由木材加工成家具、地板等各种木制产品或用于建筑材料等，无论是木材、木制产品或作为其他用途，均是对树木碳素储存作用的延伸。它们是将林木生长过程中所形成的碳，转变为以木材或木制产品的形式予以储存。所以，在木材加工利用时，应注意其综合循环利用，提高木制产品使用效率，以增加木制产品的碳素储存。

任何木制品都存在生命周期，生命周期越长，则它储存碳的时间便越长。所以，增加木制品的碳素储存量，可以通过提高木制品的使用寿命或者研发碳素储存能力高的木制产品实现。可见，提高木制品的碳素储存功能是保护环境和提高生态效益的重要途径。木材作为生物质材料或木制产品的使用寿命越长，其碳素储存的生命周期就越长，从而延长了“大气中对二氧化碳的吸收—森林碳素储存—木材或木制产品的碳素储存—大气中二氧化碳的排放”的循环链。可见，木制产品是碳库的重要组成部分，其碳素储存时间与保护生态环境效益密切相关。

1.1.4 固碳价值的研究

森林是陆地生态系统中最大的碳素储存库，对维持陆地生态平衡、保护环境安全、防止危机等方面起着决定性的作用。资料表明，森林面积虽然不足陆地总面积的1/3，但森林植被区的碳素储存量大约是陆地碳素储存库总量的一半。可见，森林在降低大气中二氧化碳等温室气体的浓度以及减缓全球气候变暖的过程中，具有十分重要的作用[26,27]。

而树木作为森林的主要组成部分，可以通过光合作用吸收大气中大量的二氧化碳，再将碳素储存在体内，从而可以降低大气中二氧化碳的浓度，减缓了温室效应。

木材取自于自然，而用于人类。木材作家具、纸张、住宅之用，与人类活动、居住环境息息相关；作为木材基复合材料也愈来愈受关注。不难看出，利用木材固定和储存碳素，是提高生态效益、自然价值的有效途径。因此，开展碳素储存的研究具有极其重要的实际价值。

1.2 林木的固碳效应

全球变暖是人类社会可持续发展面临的重大挑战之一[28]。随着全球温室效应问题的越来越严重，固定和储存二氧化碳已经成为当今全球暖化研究的重要内容。为了减缓全球气候变暖过程，促进主要温室气体二氧化碳的吸存和固定，国际学者开展了广泛的研究和探讨，并提出了一系列解决措施。

1.2.1 森林生态系统的碳平衡问题

森林生态系统是主要地球陆地生态系统之一，也是陆地上最为复杂的生态系统，它具有很高的生物生产力和生物量以及丰富的生物多样性。虽然森林面积仅占陆地面积的26%，但是其碳储量占整个陆地植被碳储量的80%以上，而且森林每年的碳固定量约占陆地生物碳固定量的2/3[29]。森林生态系统不仅向人类提供木材及淀粉、蛋白质等众多副产品，而且具有涵养水源、减轻自然灾害、调节气候、孕育和保存生物多样性等生态功能，同时还具有医疗保健、陶冶情操、旅游休憩等社会功能。所以，森林在维系地球生命系统的平衡中具有不可替代的作用。

1.2.2 森林生态系统的固碳功能

国际上最初的碳素储存减排研究工作主要是针对森林，它对现在及未来的气候变化和碳平衡具有重要作用，是陆地生态系统中最大的碳库[30]。在20世纪60年代中后期，国际科联所执行的国际生物学计划倡导了全球性森林生态系统碳素蓄积的研究，由此，学者们开始了对森林的碳素储存问题的研究[31]。

由于森林是陆地上最大的碳素储存库，大约80%的地上碳素储存量和40%的地下碳素储存量存在于森林生态系统中，因此，森林碳素储存的研究已经成为现代林业科研的重要热点问题之一，森林的碳素储存能力正是评价全球碳平衡的重要因素[32]。

1972 年联合国教科文组织开展的人与生物圈计划（MAB）是 IBP 计划的发展和延续，之后欧洲各国及加拿大、美国、苏联、巴西等国都分别进行了区域森林生态系统的碳平衡及其与全球碳循环之间关系的研究。自 1992 年在巴西召开的世界环境与发展大会以来，全球已有 170 多个国家核准了《联合国气候变化框架公约》[33]。1997 年《京都议定书》的签订，使世界各国在减缓气候变暖的问题上又进一步达成了共识，而且，此议定书已经于 2005 年 2 月 16 日正式生效。《京都议定书》的出台，使各国政府和组织密切关注气候变化问题，而且许多研究者致力于碳汇、碳源的研究，使二氧化碳减排工作顺利展开。

1991 年 Roderick C. Dewar 提出建立森林管理中树木、土壤和木制产品的碳素储存分析模型，为以后研究木材及其木制产品的碳汇功能提供了依据[34]。1998 年 Jack K. Winjum 等从林木采伐和木制产品利用出发，提出两条途径对国家碳库存量和国家碳源、碳汇的平衡进行评估，即大气流动法和储量变化法[35]。1999 年 William H. Schlesinger 研究了土壤的碳素储存功能，并指出将大气中的二氧化碳封存在土壤中对储碳减排工作有显著的贡献[36]。在 2001 年 V. Whit ford 等对城市树木的碳汇能力和碳呼吸作用进行了研究，提出了计算方法[37]。2002 年，Hyun-Kil Jo 通过对树木储存和呼吸二氧化碳量的生物量测定和树木生长率计算，得出了三个城市碳源碳汇量值[38]。2005 年 R. Lal 研究得出，森林土壤中的碳素储存极有可能会降低大气中二氧化碳的浓度，而且气候变化会影响土壤的碳素储存能力[39]。2007 年美国田纳西大学 Bruce Tonn 等建议 CO_2 在木制产品中的固定需要多方合作，从森林经营者到产品制造商、产品使用者或其他[40]。2009 年 Ana Claudia Dias 等研究了评估伐木制品碳素储存的三种方法，包括储量变化法、生产法和大气流动法，并对这三种方法的特点进行了比较分析[41]。2011 年 Michiel van Breugel 等评估了二级森林中的碳素储存量，其决定性和不确定性与异速生长的生物量模型有关，而且指出了量化森林碳素储存量的常用方法，就是利用异速生长的回归模型变换森林的库存量资料，以评估其地上生物量[42]。2012 年 Y. Gunalay 等基于碳素储存功能，研究了林木资源的最优采伐时间，并利用多元旋转模型重新确定了最优采伐期[43]等。

早在20世纪80年代，许多研究者注意到了森林经营措施对森林碳储量的影响，但对于木材碳素储存的研究工作甚少，以木材为研究中心的碳汇功能还没有引起人们足够的重视，同时对树木采伐后制作的木制产品的碳储量研究也较少。随着社会经济的发展和人们回归自然的心理，人们对木制产品的需求越来越多，所以，木制产品的碳素储存量在不断增长的过程中。因此，当前不容忽视的一项重要工作，就是研究木材及木制品的碳素储存功能。

1.2.3 木材及木制品碳素的储存

我国已经于1998年成为《京都议定书》的签字国，为了增加国家的森林碳素储存量，积极采取主动措施和行动，以便为我国社会和经济发展争取良好的空间环境。20世纪70年代后期，我国开始对森林碳汇、碳循环进行研究，这比其他发达国家对森林碳汇等领域的研究大约晚10～15年。近几年来，我国研究者开展的具有中国特色的森林碳汇工作取得了重大进展，尤其是在林学、森林防火和森林培育等方面。但对于木材碳汇方面的研究还处于起步阶段，近年来虽有少量研究论文发表，仍需进一步深入。比较有代表性的碳汇研究成果如下。

森林碳素储存方面的研究　在“八五”期间，我国顺利开展了名为“中国森林碳平衡研究”的林业部重点研究项目。1996年，罗天祥估算了我国森林生物总产量，为我国开展森林碳汇研究奠定了基础[44]。同年康惠宁等估算了我国森林年净吸收碳量，为评价北半球中高纬度地区森林碳素储存库和我国森林碳素储存容量积累了宝贵经验[45]。2000年方精云教授主编《全球生态学——气候变化与生态响应》，比较全面地论述了国内外有关碳源、碳汇和碳循环的研究成果，还推算了中国1949～1998年森林碳库和平均碳密度的动态变化，构建了世界上第一个国家尺度的长时间序列生物量数据库[46]；他的部分研究成果发表于2001年的《Science》，被认为是首次对中国碳素储存做出的真正正确的评价[47]。2003年魏殿生等主编的《造林绿化与气候变化碳汇问题研究》，第一次较全面阐述了《京都议定书》签署后，我国林业所面临的各种森林碳素储存问题，并展望了研究木材生命周期对森林碳素储存功能的影响[48]。2006年，李顺龙教授出版的专著《森林碳汇问题研究》，研究了森林的碳素储存形式和碳循环等问题，提出了森林碳汇经济测算的基本方法，并对我国森林碳汇潜力进行了预测[49]。2007年J. M. Chen等融合了科学和社会经济的视角，对如何增强中国的森林碳素储存能力进行了研究，并提出将开发遥感方法作为量化中国森林碳平衡的一种透明方式[50]。2010年李怒云等针对气候变化的现状，提出了加强森林碳素储存管理的重要建议，即以实施《应对气候变化林业行动计划》为主，加强全国森林碳素储存计量、监测体系建设等，以促进低碳经济林业试点工作的顺利运作[51]。2012年李长胜等提出了一套操作性较强的森林碳素储存计量方法，并对黑龙江省国有林区的森林碳素储存进行了研究和计量[52]。

森林植被碳素储存方面的研究　在2002年，李克让等主持完成了“九五”科技攻关课题，该研究对我国森林植被储碳量的区域特征、森林生态系统植被碳库的估算方法等问题进行了较全面的研究[53]。2006年周国逸等在《Science》上发表《成熟森林土壤可持续积累有机碳》[54]，此研究否定了一个观点，即在全球碳循环研究中成熟森林一直被看作近似于“零碳汇”系统的结论，这表明了成熟森林可持续积累碳，也为确认成熟森林作为一个新的碳素储存库而奠定了理论基础。

木材碳汇方面的研究　2007年，李坚教授对木材的碳素储存与环境效应进行了详细研究和说明，这是我国第一次对木材的碳素储存功能做出的研究[55]。2009年，刘杏娥、江泽慧等分析了安徽安庆长江外滩地18年生I-72杨树中各组分的含碳率，证实利用胸径、树高及叶面积、叶干重等估算碳蓄积量具有较高精度，并研究了树冠特性与单株碳蓄积量的相关性[56]。2010年，郭明辉等从微观角度探讨了木材构造特征与木材碳素储存量之间的关系[57]；明确了立地条件是影响木材碳素储存效应的重要因素之一，为人工林的定向培育措施提供了科学理论依据[58]。2012年，郭明辉等研究了木材碳储量的计量方法、碳储量的基本特性和基本规律，及人工林木材碳储量与生物质能的内在关系等，对实现木材低碳加工、延长木材碳储存时间具有重大意义[59]。

木制产品碳汇方面的研究　2005年，阮宇等分析了木质林产品的碳储量计量方法，及其对研究结果、社会经济和政策的影响[60]。2007

年，白彦锋等对中国木质林产品碳储量的变化进行研究，证实我国的木质林产品是一个碳储量一直在增长的碳库[61]。2010 年，郭明辉教授等计算了 200 年内的中国木质林产品的碳储存和碳排放量，研究指出，木质林产品的产消特点对温室效应具有重要的影响[62]。

从长期发展来看，栽植快速生长的树种并提高产品的长期利用率等措施均有助于储存更多的碳素[63]。而且，近年来，我国正在实施六大林业重点工程，森林面积持续增长，我国还保持有世界上面积最大的人工林，所以说，我国的碳汇工作必将对全球气候变化产生积极影响。

1.2.4 林木固碳研究的发展趋势

随着国内外研究学者对森林碳素储存、木材碳素储存等的研究，在不同层面上揭示了森林碳储存对缓解温室效应所发挥的重大贡献[64~66]。在以后的碳素储存研究中，关于工业加工的碳素储存、森林防火的碳素储存、木材的碳素储存、木制品的碳素储存等研究问题都应该引起国内外林业研究者的关注和参与。

木材比同种用途的其他材料在工业和生活用材上更能突显出碳素储存、低碳节能的优越性，这是由于木材是森林生态系统中碳储量巨大的一种生物质。因此，木材的碳素储存功能在低碳经济发展中具有广阔的研究前景。而在顺应“低碳经济”之路的前提下[67]，研究木材的碳素储存有其必然性，可以直接抑制二氧化碳向大气中排放，有效缓解温室效应，促进低碳经济的可持续发展。

1.3 主要研究内容

林木固碳效应主要研究内容包括以下五个部分。

1.3.1 木材解剖和物理特征对碳素储存量的影响

以人工林红松为研究对象，通过将红松木材进行生长轮材质分析，计算其碳素储存量，测定其解剖特征和物理特征等指标，并分析人工林红松木材碳素储存量的径向变异规律，采用回归分析和相关分析的方法研究红松木材的解剖特征和物理特征分别对木材碳素储存量的影响规律，分析各项特征指标与碳素储存量之间的相关性。

其中，所测定的木材解剖特征包括管胞长度、管胞直径、管胞壁厚、壁腔比、长宽比、胞壁率和微纤丝角；木材物理特征包括生长轮密度、生长轮宽度、晚材率和生长速率。

1.3.2 经营措施对木材碳素储存量的影响

通过统计分析、多元回归分析和相关分析的方法，研究不同立地条件、气候条件和培育措施三种经营措施对木材碳素储存量的影响规律及其相关性，并确定高碳素储存量的优质人工林经营措施。

其中，所选定的人工林红松的立地条件包括地理位置、坡位、土壤性质；气候条件包括平均气温、平均地温、日照率、降水量、相对湿度；培育措施包括林分结构、初植密度、间伐与否。

1.3.3 木材碳素储存量的分形研究

选取凉水林场、老山生态站中阳坡和阴坡两类立地条件下的人工林红松为试样，利用分形理论，从非线性角度出发，对红松木材碳素储存量进行分形分析，通过计算碳素储存量的分形维数，研究和讨论分形维数与木材碳素储存量之间的复杂联系，研究其规律性变化。

1.3.4 木制品碳素储存周期的评价

基于生命周期评价理论，建立木制品碳素储存周期 CO_2 排放的计算模型，再结合具体实例，对木制品的碳素储存周期进行评价。这为建立碳素储存周期模型及评估木制品的碳素储存功能提供了理论依据。

1.3.5 木材的绿色保障

系统归纳了木材的生态学属性、木材的环境学属性、木材的智能性调节功能，讨论了木材的碳素储存与环境效应，并提出木材是“木材—

人类—环境”关系中的天然元素，有益于优化环境，提高人类生活质量，是绿色环境人体健康的贡献者，能够为人类生活构建一个健康自然的绿色环境。

参考文献

[1] J. Shen, Z. Q. Song, X. R. Qian. Fillers and the Carbon Footprint of Papermaking. BioResources. 2010, 5 (4): 2026-2028.

[2] M. P. Ayres, M. J. Lombardero. Assessing the Consequences of Global Change for Forest Disturbance from Herbivores and Pathogens. Science of Total Environment. 2000 (262): 263-286.

[3] M. Broadmeadow, R. Matthews. Forests, Carbon and Climate Change: The Uk Contribution. Forestry Commission Information Note. 2003, 48 (2): 1-3.

[4] L. Rattan. Carbon Sequestration. Philosophical Transactions of the Royal Society. 2008 (363): 815-830.

[5] R. K. Dixon, J. A. Sathaye, S. P. Meyers. Greenhouse Gas Mitigation Strategies: Preliminary Results from the US Country Studies Program. Ambio. 1996 (25): 26-32.

[6] P. B. Woodbury, J. E. Smith, L. S. Heath. Carbon Sequestration in the US Forest Sector from 1990 to 2010. Forest Ecology and Management. 2007, 241 (1): 14-27.

[7] P. M. Fearnside, D. A. Lashof, P. Moura-Costa. Accounting for Time in Mitigating Global Warming through Land-Use Change and Forestry. Mitigation and Adaptation Strategies for Global Change. 2000 (5): 239-270.

[8] J. Brainard, I. J. Bateman, A. A. Lovett. The Social Value of Carbon Sequestered in Great Britain' s Woodlands. Ecological Economics. 2009, 68 (4): 1257-1267.

[9] G. A. Stainback, J. R. R. Alavalapati. Economic Analysis of Slash Pine Forest Carbon Sequestration in the Southern Us. Journal of Forest Economics. 2002, 8 (2): 105-117.

[10] I. P. O. C. Change. Climate Change 2007: The Physical Science Basis. Agenda. 2007, 6 (7): 11-18.

[11] Solomon S, Qin D, Manning M, et al. Climate Change 2007: The Physical Science Basis [M]. Cambridge University Press: Cambridge, 2007.

[12] IPCC. 2001. Climate Change 2001: Synthesis Report [R]. Cambridge: Cambridge University Press, 2001.

[13] Hughen K, Lehman S, Southon J, *et al*. 2004. ^{14}C activity and global carbon cycle changes over the past 50000 years [J]. Science, 303: 202-207.

[14] 李玉强,赵哈林,陈银萍. 陆地生态系统碳源与碳汇及其影响机制研究进展[J]. 生态学杂志,2005(01): 37-42.

[15] 王叶,延晓冬. 全球气候变化对中国森林生态系统的影响[J]. 大气科学,2006(05): 1009-1018.

[16] 周广胜,王玉辉. 全球生态学[M]. 北京: 气象出版社, 2003.

[17] 刘世荣, 徐德应, 王兵. 气候变化对中国森林生产力的影响 II. 中国森林第一性生产力的模拟. 林业科学研究, 1994, 7(4): 425-430.

[18] X. Q. Zhang, D. Xu. Potential Carbon Sequestration in China' s Forests. Environmental Science and Policy. 2003, 6(5): 421-432.

[19] 刘焕彬. 低碳经济视角下的造纸工业节能减排. 中华纸业. 2009, 30(12): 10-12.

[20] T. Clarke. Communities Make Forest Carbon Trading Work. Earth. 2002.

[21] 董恒宇, 云锦凤, 王国钟. 碳汇概要. 北京: 科学出版社, 2012: 9-15.

[22] R. Ray, D. Ganguly, C. Chowdhury. Carbon Sequestration and Annual Increase of Carbon Stock in a Mangrove Forest. Atmospheric Environment. 2011, 45(28): 5016-5024.

[23] J. Liski, T. Karjalainen, A. Pussinen. Trees as Carbon Sinks and Sources in the European Union. Environmental Science and Policy. 2000, 3(2): 91-97.

[24] G. M. Domke, C. W. Woodall, S. J. E. Consequences of Alternative Tree-Level Biomass Estimation Procedures on US Forest Carbon Stock Estimates. Forest Ecology and Management. 2012(270): 108-116.

[25] P. Nepal, R. K. Grala, D. L. Grebner. Financial Feasibility of Increasing Carbon Sequestration in Harvested Wood Products in Mississippi. Forest Policy and Economics. 2012, 14(1): 99-106.

[26] 黄从德, 张国庆. 人工林碳储量影响因素. 世界林业研究. 2009, 22(2): 34-38.

[27] P. Nepal, P. J. Ince, K. E. Skog, et. al. Projection of Us Forest Sector Carbon Sequestration under US and Global Timber Market and Wood Energy Consumption Scenarios, 2010-2060. Biomass and Bioenergy. 2012(45): 251-264.

[28] M. Ha-Duong, D. W. Keith. Carbon Storage: The Economic Efficiency of Storing CO_2 in Leaky Reservoirs. Clean Techn Environ Policy. 2003(5): 181-189.

[29] 刘国华,傅伯杰,方精云．中国森林碳动态及其对全球碳平衡的贡献［J］．生态学报,2000(05)：733-740.

[30] J. Donlan, K. Skog, K. A. Byrne. Carbon Storage in Harvested Wood Products for Ireland 1961-2009. Biomass and Bioenergy. 2012 (46): 731-738.

[31] A. White, M. G. R. Cannell, A. D. Friend. Climate Change Impacts on Ecosystems and the Terrestrial Carbon Sink: A New Assessment. Global Environmental Change. 1999 (9): 21-30.

[32] A. Pussinen, T. Karjalainen, S. Kellomäki, et. al. Potential Contribution of the Forest Sector to Carbon Sequestration in Finland. Biomass and Bioenergy. 1997, 13 (6): 377-387.

[33] IPCC. Climate Change 2001: Synthesis Report: Third Assessment Report of the Intergovernmental Panel on Climate Change. New York: Cambridge University Press, 2001.

[34] R. C. Dewar. Analytical Model of Carbon Storage in the Trees, Soils, and Wood Products of Managed Forests. Tree Physiology. 1991 (8): 239-258.

[35] J. K. Winjum, S. Brown, B. Schlamadinger. Forest Harvests and Wood Products: Sources and Sinks of Atmospheric Carbon Dioxide. Forest Science. 1998, 44 (2): 272-284.

[36] W. H. Schlesinger. Carbon Sequestration in Soils. Science. 1999, 284 (5423): 2095-2099.

[37] V. W. Ford, A. R. Ennos, J. F. Handley. "City Form and Nature Process" Indicators for the Ecological Performance of Urban Areas and Their Application to Merseyside Landscape and Urban Planning. 2001 (57): 91-103.

[38] H. -K. Jo. Impacts of Urban Green Space on Offsetting Carbon Emissions for Middle Korea. Journal of Environmental Pollution. 2002 (64): 115-126.

[39] R. Lal. Forest Soils and Carbon Sequestration. Forest Ecology and Management. 2005, 220 (1): 242-258.

[40] B. Tonn, G. Marland. Carbon Sequestration in Wood Products: A Method for Attribution to Multiple Parties. Environmental Science and Policy. 2007: 162-168.

[41] A. C. Dias, M. Louro, L. Arroja. Comparison of Methods for Estimating Carbon in Harvested Wood Products. Biomass and Bioenergy. 2009, 33 (2): 213-222.

[42] M. v. Breugel, J. Ransijn, D. Craven, et. al. Estimating Carbon Stock in Secondary Forests: Decisions and Uncertainties Associated with Allometric Bio-

mass Models. Forest Ecology and Management. 2011, 262 (8) : 1648-1657.

[43] Y. Gunalay, E. Kula. Optimum Cutting Age for Timber Resources with Carbon Sequestration. Resources Policy. 2012, 37 (1) : 90-92.

[44] 罗天祥．中国主要森林类型生物生产力格局及其数学模型．北京：中国科学院．1996.

[45] 康惠宁．中国森林C汇功能基本估计．应用生态学报．1996, 7 (3) : 230-234.

[46] 方精云，唐艳鸿，林俊达等．全球生态学——气候变化与生态响应．北京：高等教育出版社，2000.

[47] J. Y. Fang, A. Chen, C. Peng, et. al. Changes in Forest Biomass Carbon Storage in China between 1949 and 1998. Science. 2001 (22) : 2320-2322.

[48] 魏殿生，徐晋涛，李怒云．造林绿化与气候变化碳汇问题研究．北京：中国林业出版社，2003.

[49] 李顺龙．森林碳汇问题研究．哈尔滨：东北林业大学出版社，2006.

[50] J. M. Chen, S. C. Thomas, Y. Yin, et. al. Enhancing Forest Carbon Sequestration in China: Toward an Integration of Scientific and Socio-Economic Perspectives. Journal of Environmental Management. 2007, 85 (3) : 515-523.

[51] 李怒云，杨炎朝，陈叙图．发展碳汇林业应对气候变化——中国碳汇林业的实践与管理．中国水土保持科学．2010, 8 (1) : 13-16.

[52] 李长胜，李顺龙．黑龙江省国有林区森林碳汇及经济评价．中国林业经济．2012 (4) : 40-43.

[53] 李克让．土地利用变化和温室气体净排放与陆地生态系统碳循环．北京：气象出版社，2002.

[54] 中国科学院华南植物园．Science杂志刊登我国科学家重要发现：成熟森林土壤可持续积累有机碳．自然科学进展．2007, 17 (6) : 747.

[55] 李坚．木材的碳素储存与环境效应．家具．2007 (3) : 32-36.

[56] 刘杏娥，江泽慧，王妍．I-72杨树冠特性与碳蓄积量的相关性．干旱区地理．2009, 32 (2) : 183-187.

[57] M. H. Guo, X. Guan, J. Li. Study on Wood Carbon Sequestration Based on Micro-Characteristics of Wood. Environment Materials and Environment Management. 2010 (3) : 1693-1696.

[58] X. Guan, M. H. Guo, J. Li. Study the Effect of Growing Environment on Carbon Sequestration of Populus Ussuriensis Based on Wood Microscopic Image Processing. In: 2010 3rd International Conference on Environmental and Computer Science, 2010: 128-131.

[59] 郭明辉，李坚，关鑫．木材碳学．北京：科学出版社，2012.

[60] 阮宇，张小全，杜凡，何英．木质林产品碳贮量变化计算方法．东北林业大学学报．2005，33（Sup.）：56-60.

[61] 白彦锋，姜春前，鲁德，朱臻．中国木质林产品碳储量变化研究．浙江林学院学报．2007，24（5）：587-592.

[62] 郭明辉，关鑫，李坚．中国木质林产品的碳储存与碳排放．中国人口资源与环境．2010，20（5）：19-21.

[63] R. Dewar. A Model of Carbon Storage in Forests and Forest Products. Tree Physiology. 1990，6（4）：417-428.

[64] S. C. Davis，A. E. Hessl，C. J. Scott，et. al. Forest Carbon Sequestration Changes in Response to Timber Harvest. Forest Ecology and Management. 2009，258（9）：2101-2109.

[65] J. S. Nunery，W. S. Keeton. Forest Carbon Storage in the Northeastern United States：Net Effects of Harvesting Frequency，Post-Harvest Retention，and Wood Products. Forest Ecology and Management. 2010，259（8）：1363-1375.

[66] 李玉强,赵哈林,陈银萍．陆地生态系统碳源与碳汇及其影响机制研究进展［J］．生态学杂志,2005,（01）：37-42.

[67] S. Lehmann. Low Carbon Construction Systems Using Prefabricated Engineered Solid Wood Panels for Urban Infill to Significantly Reduce Greenhouse Gas Emissions. Sustainable Cities and Society. 2013（6）：57-67.

2 林木固碳效应与绿色保障研究方法

2.1 试验材料

2.1.1 人工林红松的资源现状

红松也称朝鲜松，是我国珍贵的用材树种之一。红松是常绿树种，属于松科松属。其人工林分布范围很广，主要分布在我国的小兴安岭、长白山等地。红松的树形高大，纹理通直，树干圆满，其树高可达 40 米左右，胸径可达 2 米左右，寿命可达 500 年左右。而且，红松木材材性良好，木材价值高，在国际木材市场上还拥有着“王座”的美称[1,2]。

另外，红松木材是建筑、家具、航空、车船材等方面的优良用材。其中，红松在采伐和加工过程中的枝桠材、木屑等剩余物除了可以用于制作人造板，还可以制成水泥木丝板。红松是我国重要的工业用材林和经济林树种，它具有广泛的适应性和抗逆性特征，在国民经济中占重要的地位[3]；同时，红松也是保护生态环境、绿化城乡园林的优良树种。所以，红松的研究一直极受重视。

2.1.2 试样采集

试样是采于东北林业大学的帽儿山实验林场老山生态站的人工林红松林分内，并按照 GB/T 1927—2009《木材物理力学试材采集方法》中的相关规定和具体方法而进行取样。其中，在每一个样地上各取 5 株作为试验样木，在树木的胸高 1.3m 处分别截取 25mm 和 50mm 厚度的圆盘各一个，并且标记上南北的方向和记号，以作为测定木材解剖构造特征和物理特征的试验材料。

(1) 木材解剖和物理特征对碳素储存量的影响。红松试样取样情况见表 2-1。

表 2-1 红松试样取样情况

地点	株数/株	树龄/a	平均树高/m	平均胸径/cm	初植密度/m×m	坡向	坡度	土壤类型
老山	5	31	13.0	22.6	1.5×1.0	阳坡	坡中	白浆土

（2）经营措施对木材碳素储存量的影响。表 2-2 中列出了不同立地条件下人工林红松的取样情况，表 2-3 中列出了不同气候条件下老山和凉水两地的人工林红松取样情况，表 2-4 中列出了不同培育措施下人工林红松的具体取样情况。

表 2-2 不同立地条件下的人工林红松取样情况

立地条件		株数/株	树龄/a	平均树高/m	平均胸径/cm	初植密度/m×m	坡向	坡度	土壤类型
地理位置	老山	5	33	13.5	23.5	1.5×1.0	阳坡	坡上	白浆土
	凉水	5	32	15.4	16.1	1.5×1.5	阳坡	坡中	白浆化暗棕壤
	方正	5	30	12.3	21.5	1.5 ×2.0	半阳坡	坡中	白浆化暗棕壤
坡位	坡向	5	31	13.0	22.6	1.5×1.0	阳坡	坡中	白浆土
		5	31	12.8	21.2	1.5 ×2.0	阴坡	坡中下	白浆土
	坡度	5	33	13.5	23.5	1.5 ×1.0	阳坡	坡上	白浆土
		5	32	12.1	16.8	1.5×1.5	阳坡	坡下	白浆土
土壤类型		5	32	12.1	16.8	1.5×1.5	阳坡	坡下	白浆土
		5	33	13.2	22.5	2.0×2.0	阳坡	坡中下	白浆化暗棕壤

表 2-3 不同气候条件下的人工林红松取样情况

地点	株数/株	树龄/a	平均树高/m	平均胸径/cm	初植密度/m×m	坡向	坡度	土壤类型
老山	5	35	13.2	22.5	2.0×2.0	阳坡	坡中下	白浆化暗棕壤
凉水	5	32	15.4	16.1	1.5×1.5	阳坡	坡中	白浆化暗棕壤

表 2-4 不同培育措施下人工林红松的具体取样情况

培育措施		株数/株	树龄/a	平均树高/m	平均胸径/cm	初植密度/m×m	坡向	坡度	土壤类型
林分结构	纯林	5	33	13.2	22.5	2.0×2.0	阳坡	坡中下	白浆化暗棕壤
	混交林	5	33	13.4	23.1	1.5 ×1.0	阳坡	坡上	白浆土
	三株一丛	5	28	12.6	19.7	—	阳坡	坡中	白浆化暗棕壤

续表

培育措施	株数/株	树龄/a	平均树高/m	平均胸径/cm	初植密度/m×m	坡向	坡度	土壤类型
初植密度	5	31	13.0	22.6	1.5×1.0	阳坡	坡中	白浆土
	5	32	12.1	16.8	1.5×1.5	阳坡	坡下	白浆土
	5	33	13.2	22.5	2.0×2.0	阳坡	坡中下	白浆化暗棕壤
间伐	5	28	12.5	21.3	2.0×2.0	阳坡	坡中	白浆化暗棕壤
未间伐	5	31	11.8	20.1	1.5×2.0	半阳坡	坡下	白浆化暗棕壤

(3) 木材碳素储存量的分形。红松试样取样情况见表 2-5。

表 2-5 红松试样的取样情况

地点	株数/株	树龄/a	平均树高/m	平均胸径/cm	初植密度/m×m	坡向	坡度	土壤类型
老山	5	33	13.5	23.5	1.5×1.0	阳坡	坡上	白浆土
凉水	5	32	15.4	16.1	1.5×1.5	阳坡	坡中	白浆化暗棕壤
坡向	5	31	13.0	22.6	1.5×1.0	阳坡	坡中	白浆土
	5	31	12.8	21.2	1.5 ×2.0	阴坡	坡中下	白浆土

2.2 技术路线

研究的技术路线如图 2-1 所示。

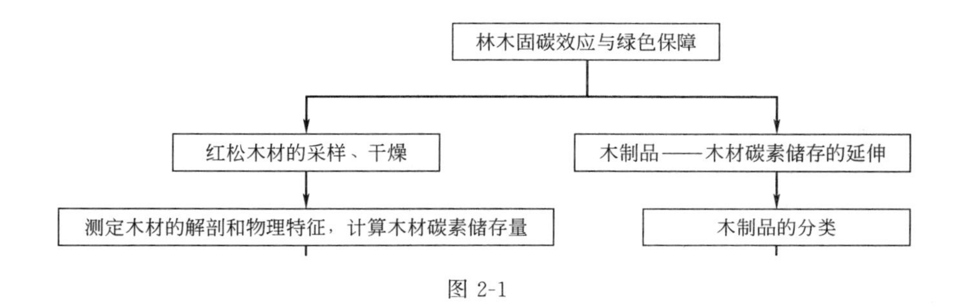

图 2-1

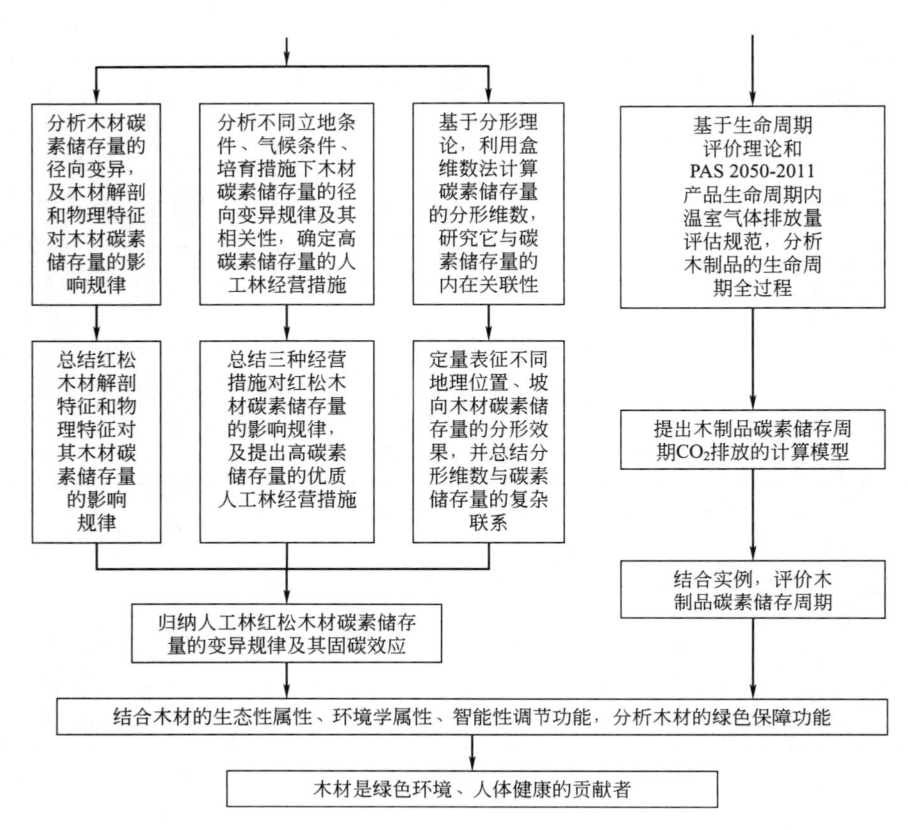

图 2-1 人工林红松木材及木制品碳素储存研究的技术路线

2.3 试样制备与测试方法

本次试验需要计算人工林红松木材的碳素储存量；并测定木材的解剖构造特征，其中包括管胞长度、管胞直径、管胞壁厚、壁腔比、长宽比、胞壁率和微纤丝角，以及木材的物理特征，包括生长轮密度、生长轮宽度、晚材率和生长速率。具体的试样制备方法与测试方法介绍如下。

2.3.1 木材碳素储存量的计算

木材碳素储存量是木材中所储存碳素的含量。基于木材学的知识，木材密度越大，木材细胞壁物质就越多，所以，木材密度代表着木材细胞壁物质的多少；而二氧化碳被树木吸收后就储存在体内即细胞壁中，由此得出，细胞壁物质的形成过程就是木材碳素储存的过程，木材细胞壁物质的形成对树木的碳平衡有非常重要的作用[4]。细胞壁是碳的储存体，所以，通过量化细胞壁物质即使用胞壁率可以定量评价树木每年或某段特定时间内的碳素储存能力。

木材碳素储存量的计算方法[5]见式（2-1）。

$$C = R \times V \times n \times 1/2 \tag{2-1}$$

式中 C——木材碳素储存量，kg；

R——胞壁率；

V——木材材积，m^3；

n——转化系数。

若 C 的单位为 kg，V 的单位为 m^3，则 n 为 10^3；若 C 的单位为 g，V 的单位为 cm^3，则 n 为 1。其中，本书中的碳素储存量是以年为单位，结合生长轮材质分析方法，计算每株树的连年碳素储存量。

式(2-1) 中的胞壁率 R 是通过木材切片试验和木材显微图像分析处理系统进行测定，具体方法在木材解剖特征的测定中已做介绍；木材材积 V 是按照伐倒木的区分求积法进行计算[6]，计算方法见式(2-2)。

$$V = l\sum_{i=1}^{n} g_i + \frac{1}{3}g'l' \tag{2-2}$$

式中 V——木材各龄阶材积，m^3；

g_i——第 i 区分段中央断面积，m^2；

g'——梢头底端断面积，m^2；

l——区分段长度，m；

l'——梢头长度，m；

n——区分段个数。

2.3.2 木材解剖特征的测定

测定木材解剖特征的试验中所用试样是从 25mm 厚的圆盘中截取得到，试样是高为 15～20mm，宽为 10mm，长为从髓心到树皮的半径长的小木条。木材管胞长度、管胞壁厚、长宽比、壁腔比、胞壁率和微纤丝角等解剖特征的测定方法介绍如下[7]。

(1) 管胞长度　采用离析试验来测定木材的管胞长度。首先将试样劈成片状，将试样浸没在30%硝酸中，再放入烘箱中于80℃状态下烘8～10h。接着，取出试管，将硝酸倒掉，并将试管用水冲洗数次，再摁住试管口，用力摇晃，使得试样变成木浆。然后，用针挑选少量木浆，并放在载玻片上，将一滴水滴在上面，盖好盖玻片，将它放在带有测微尺的显微投影仪下，以便进行测定。最后，对每个试样都测定30次不同值的管胞长度，再求其平均值，这便是平均管胞长度。

(2) 微纤丝角　本次研究中采用碘染色法测量生长轮中早材和晚材切片上的微纤丝角。首先，将试样在热水中浸泡7天左右以进行软化处理。然后，再用乙醇和甘油1∶1的混合液中浸泡15天以上取出，按年轮顺序分出早材和晚材的切片，切片尽量保持与弦切面平行。其次，将切片放入10%的硝酸和10%的铬酸混合液中脱去木素，大约需5～6min，再用蒸馏水洗净后经过50%或80%的酒精进行脱水。再次，将切片放在载玻片上，使用4%～6%的碘化钾溶液染色2～3min，接着用滤纸吸走多余的液体，再滴入1～2滴40%的硝酸溶液，待切片变成棕褐色时，盖上盖玻片。最后，将制作完成的切片放在400倍的显微镜下进行测量。

具体测定时，显微镜上带有旋转的刻度盘，可以旋转刻度盘，当其中的“十”字线与S2层微纤丝平行排列时，记下此时的读数。两个读数的差，就是微纤丝角度。所测定的每个生长轮内的早材和晚材各取2～3个切片，每个切片随机测取20个数据。

(3) 管胞直径、管胞壁厚、长宽比、壁腔比和胞壁率　从25mm厚的圆盘，取向南方向，从髓心到树皮，通过髓心宽10mm，在长度方向上依次截成20mm左右的木块。把木块放入按1∶1比例调配制的乙醇和甘油的混合液中，浸泡数天，待木块充分软化后进行切片。用切片机于横切面上切取15～20μm厚的切片3～5片；接着经番红试剂进行染色；再脱水；然后用光学树脂胶固定载玻片，盖上盖玻片，待切片固定好后，再继续试验；最后，采用木材显微图像分析处理系统测定管胞的直径、壁厚、长宽比、壁腔比和胞壁率。

其中，彩色图像计算机分析软件的测定原理是，基于计算机视觉技术，对木材显微构造图像动态采集系统采集的数字化图像进行图像二值化处理，来提取木材横切面显微构造特征参数。

2.3.3 木材物理特征的测定

试样均是在气干状态下，从25mm厚的圆盘上截取的宽8mm、厚3mm、长是从树皮到髓心的薄片，薄片表面光滑，厚度均匀。各项木材物理特征的测定方法如下。

（1）生长轮密度

① 原理　采用X射线微密度扫描仪测量木材生长轮密度[8]，其基本射线穿过木材后强度的衰减与木材密度有如下关系：

$$I=I_0 e^{-\mu\rho t} \tag{2-3}$$

$$\rho=\frac{1}{\mu t}\ln\frac{I_0}{I} \tag{2-4}$$

式中　I——穿过木材后的射线强度；

I_0——穿过木材前的射线强度；

ρ——木材密度，g/cm^3；

t——试样厚度，cm；

μ——质量衰减系数，（cm^2/g），它的值是与X射线波长以及物质种类有关的常数。

实验中μ的定标方法是，使用红松木材标准样品，先求出其ρ，然后对标准木材样品进行扫描，将扫描曲线积分求得总强度I，其次在同样条件下进行空白扫描，求得I_0，代入公式（2-2）求得μ。根据阮锡根等实验研究得知，木材质量吸收系数大小不受木材样品厚度的影响，也不受不同方向的X射线扫描的影响[9]。

该测试方法具有快速、高效、精确的测试优点，能进行木材年轮与密度组成分析，即木材平均密度，平均早材密度，平均晚材密度，最大、最小密度，木材密度梯度和木材密度的变异幅度等，能研究木材密度的动态变化，真正揭示生长过程中木材密度的变化规律，为材性的改良提供了新手段。

② 试样制备　试样含水率为12%左右的气干材；从试样尺寸为宽2.5m，厚5cm，长为从髓心到树皮的半径长的样木上，切取2.5cm宽，

3mm 厚，长度为半径方向长的薄片，薄片厚度必须均匀，表面光滑。

采用 X 射线微密度扫描仪，测定木材生长轮密度的连续的实测值，在测量的过程中，要使其扫描的路径沿木材的径向方向，而且，其扫描速率为 1.6cm/min，取样间隔为 0.1mm，并用软盘记录其强度。利用计算机，求出各点的平均密度值，即木材的生长轮密度。

（2）生长轮宽度和晚材率

根据测得的生长轮密度连续的实测值，根据密度变异特点，判定年轮界限和年轮内早材、晚材分界限，利用所编的计算机程序，计算各分界限内的点数，因为每点间的距离为 0.1mm，再进一步求得年轮宽度、早晚材宽度，及晚材率。

其中，晚材率的计算方法见式（2-5）。

$$P = a/b \times 100\% \tag{2-5}$$

式中　P——晚材率，%；

a——晚材带宽度，即相邻两个轮界线间晚材宽度，mm；

b——生长轮宽度，即相邻两个轮界线间的宽度，mm。

（3）生长速率

采用相对半径增大率的方法进行测量[10]；分别测 20 次取平均值，精确至 0.01mm。见式（2-6）。

$$R_R = (r_2 - r_1)/r_1 \times 100\% \tag{2-6}$$

式中　R_R——生长速率，%；

r_1——髓心与生长轮内部界限（即早材开始处）的距离，mm；

r_2——髓心与生长轮外部界限（即晚材终止处）的距离，mm。

2.4 数据处理与分析方法

① 利用 Excel 和 Minitab 统计分析软件，对采集的数据进行回归分析和相关分析，通过模拟树木生长过程的曲线，推导出树木各个龄阶的材积，从而求得木材的碳素储存量；针对木材碳素储存量与解剖特征、物理特征指标之间的关系是通过回归分析、相关分析的方法进行分析，得到它们的径向变异规律图、相关系数、回归方程及拟合图等，并讨论

其中的规律性。

② 采用 Excel 和 Minitab 统计分析软件，通过对所采集的数据进行统计分析、多元回归分析和相关分析等，研究不同立地条件、气候条件、培育措施下的木材碳素储存量，得到它们的标准差、变异系数、相关系数、径向变异规律图、拟合图、多元回归方程等，再进一步讨论其中的规律性，明确高碳素储存量的优质人工林经营措施。

③ 基于分形理论研究方法，利用盒维数法，对两类立地条件下的红松木材碳素储存量进行分形分析；通过计算碳素储存量的分形维数，分析其分形维数，并研究分形维数与碳素储存量之间的复杂联系。而分形理论正是通过不规则的状态和无序的现象，揭示各种复杂现象背后的规律性，透过一种新的理念和手段处理各样难题[11]。

④ 基于生命周期评价理论，建立了木制品全生命周期及生产、运输、处置阶段内的 CO_2 排放量计算模型；再以某中密度纤维板厂生产的中纤板为例，计算中纤板在碳素储存周期内的生产、运输、处置阶段的 CO_2 排放总量。

参考文献

[1] 丁宝永，张世英，陈祥伟等．人工林红松培育理论与技术．哈尔滨：黑龙江科学技术出版社，1994.

[2] 李晶．红松幼苗抗寒抗旱生理学研究．哈尔滨：东北林业大学出版社，2004.

[3] 郭明辉．木材品质培育学．哈尔滨：东北林业大学出版社，2001.

[4] J. Hansen, R. Turk, G. Vogg. Conifer Carbohydrate Physiology: Updating Classical Views. Trees: contributions to modern tree physiology. 1997: 97-108.

[5] 郭明辉，李坚，关鑫．木材碳学．北京：科学出版社，2012.

[6] 孟宪宇．测树学．北京：中国林业出版社，2006.

[7] 崔永志，刘镇波．木材学试验指导书．哈尔滨：东北林业大学出版社，2005.

[8] 刘永辉，戚大海，敬克兴等．用直接 X 射线法测木材微密度．原子能科学技术．1991，25（4）：45-49.

[9] 阮锡根，潘惠新．材性改良研究：Ⅰ．X 射线木材密度测定．林业科学．1995，31（3）：260-268.

[10] M. Pedini. The Effect of Modem Forest Practices on the Wood Quality of Fast Grown Spruce. Reprot of the Royal Veterinary and Agricultural University. 1990 (32): 1-44.

[11] 辛厚文．分形理论及其应用．合肥：中国科学技术大学出版社，1993.

3 木材解剖和物理特征对碳素储存量的影响

随着我国国家林业局所推行的六项重点林业建设工程和五项林业转变战略的实施，我国的木材资源从以天然林为主渐渐转为以人工林为主，再加上低碳经济的开展，人工林木材的低碳加工和高效利用技术就显得极其重要。而且，人工林木材作为当今社会一种重要的生物质材料，具有环境友好和可再生的双重性质，是一种生态环保型的材料[1,2]。而碳元素是构成木材的主要元素，木材中如果没有了碳，那就构不成木材。因此，木材的碳素储存量与木材的解剖特征、物理特征息息相关。

本章将以人工林红松木材为例，研究红松木材的解剖特征、物理特征分别对木材碳素储存量有何影响规律，及分析木材各项特征指标与碳素储存量之间的内在相关性。这为进一步实现人工林红松木材的定向培育、减缓二氧化碳等温室气体的排放等研究提供了数据支持。

3.1 木材碳素储存量的径向变异

红松属于急变树种，早晚材区分明显，其各项指标参数差异也比较大，所以在研究红松的木材碳素储存量时，按早材和晚材的碳素储存量分开进行讨论，从而可以更加明确红松早晚材碳素储存量的径向变异规律。

图 3-1 所示为红松木材碳素储存量的径向变异规律，可以看出，红松生长轮碳素储存量、早材碳素储存量和晚材碳素储存量在径向变异上的趋势是自髓心向外开始缓慢升高，而在第 6 年均下降，这可能是当年的气候因子、生长环境或培育措施等因素改变所导致的结果；三种碳素储存量随后都从第 8 年开始有增大的趋势加快，而且，针对红松的生长状况，高河等研究得出，人工林红松在第 1 年至第 8 年生长缓慢，8 年

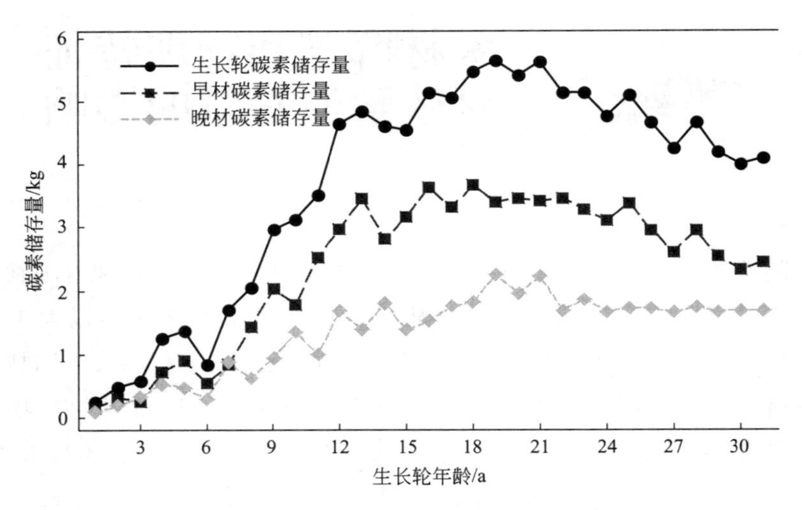

图 3-1 红松木材碳素储存量的径向变异规律

后生长速度逐年增加，红松的材积和胸径的增大幅度也加快，红松连年生长量便逐渐上升[3]；此结论与图 3-1 中红松在前 8 年内缓慢增加的碳素储存量的变化规律在时间上有统一性；接着随树木的不断生长碳素储存量呈快速增大趋势，而在树木成熟后即第 19 年左右达到最大值，之后生长轮碳素储存量和早材碳素储存量降低的趋势相近，都是逐渐降低

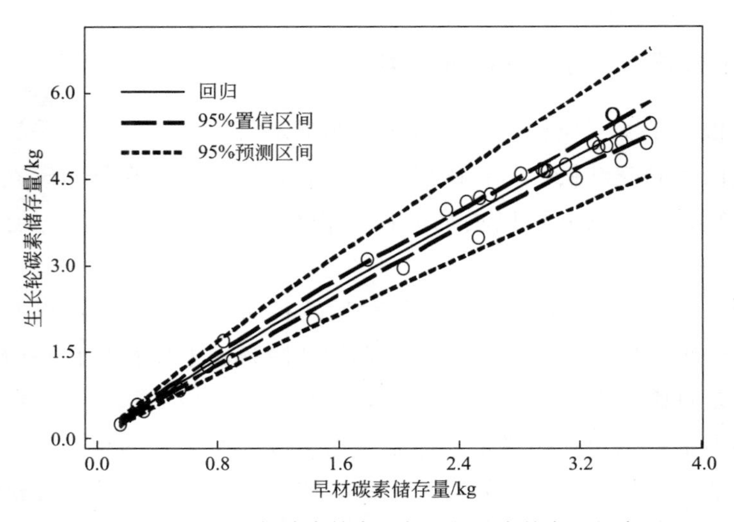

图 3-2 红松生长轮碳素储存量与早材碳素储存量拟合图

至一个平稳状态，波动较大；而晚材碳素储存量也有降低，但趋势不明显，在第21年之后其径向变异趋势基本保持不变。

再结合图3-2、图3-3及表3-1可以看出，红松生长轮碳素储存量与早材碳素储存量、晚材碳素储存量的拟合程度都很高，均有方程 $y=ax^2+bx+c$ 的回归关系，其相关系数分别为0.994、0.981，二者是正相关关系，有极强的相关性，且生长轮碳素储存量与早材碳素储存量、晚材碳素储存量均在0.01水平上具有显著的相关性。

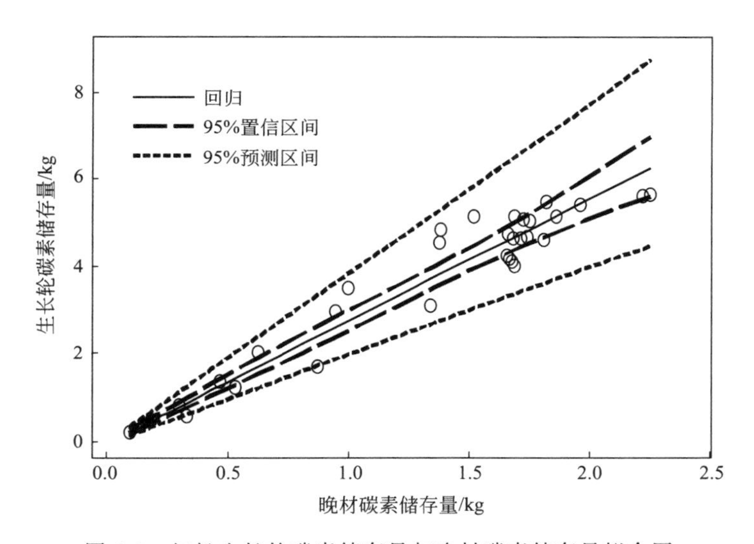

图3-3 红松生长轮碳素储存量与晚材碳素储存量拟合图

表3-1 红松生长轮碳素储存量与早晚材碳素储存量的回归分析

指标	回归方程($y=ax^2+bx+c$)	相关系数	P 值
早材碳素储存量	$y=-0.043x^2+0.942x+0.2278$	0.994	* *
晚材碳素储存量	$y=-0.025x^2+1.021x+0.4391$	0.981	* *

注：“* *”表示在0.01水平上显著相关。

3.2 木材解剖特征对碳素储存量的影响规律

3.2.1 管胞长度

树木通过光合作用所固定的碳素主要储存在细胞壁物质中，如果细胞壁物质的量越多，则木材的碳素储存量就越多，所以说，木材是碳的储存体，木材本身所具有的解剖特征、物理特征与木材的碳素储存功能之间必然存在一定的联系，而木材的解剖特征和物理特征对碳素储存量的影响规律是如何的，还需进一步研究和分析。

本书是从木材学的角度出发，分析木材各项解剖特征与碳素储存量之间的径向变异规律及相关性，并研究木材解剖特征对碳素储存量的影响规律。其中，木材的解剖特征指标包括管胞长度、管胞直径、管胞壁厚、长宽比、壁腔比、胞壁率、微纤丝角。

3.2.1.1 早材管胞长度

图 3-4 所示为红松木材碳素储存量与早材管胞长度的径向变异规律图。从图中可以看出，早材碳素储存量在径向变异的前 8 年左右是缓慢增加的，接着随树木的不断生长呈快速增大趋势，而在树木成熟后即从第 18 年左右开始又逐渐减小至平稳状态，且波动较大。同时，早材碳素储存量的最大值是出现在第 18 年，这个时间与郭明辉教授所提出的人工林红松的幼龄材和成熟材的划分年限一致[4]。同时，还可以看出，木材的早材管胞长度自髓心向外开始逐渐增大，同早材碳素储存量的径向变异规律相似，在树木生长发育过程中，它们受到生长环境、遗传因

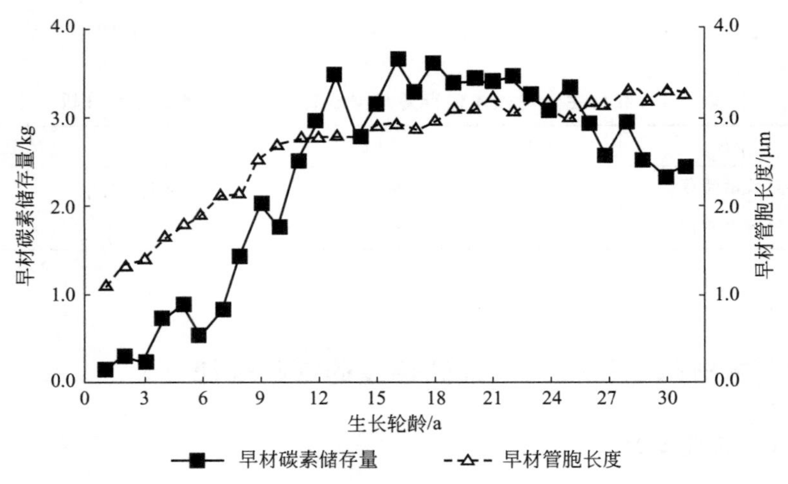

图 3-4　早材碳素储存量与早材管胞长度的径向变异

素、树种、生长轮龄等因素的影响，从髓心向外，形成层原始细胞分裂较快，管胞长度迅速增长，在树木成熟之后管胞的生长趋于成熟，增大趋势放缓，并趋于稳定。由此得出，早材碳素储存量与早材管胞长度具有一定的相关性。

从图 3-5 中可以看出，红松的早材碳素储存量与早材管胞长度的拟合度很高。而且，红松早材碳素储存量与早材解剖特征指标的回归分析结果见表 3-2，其中，红松早材碳素储存量与早材管胞长度具有方程 $y=ax^2+bx+c$ 的回归关系，相关系数为 0.966，相关性极强，二者在 0.01 水平上具有显著的正相关关系。

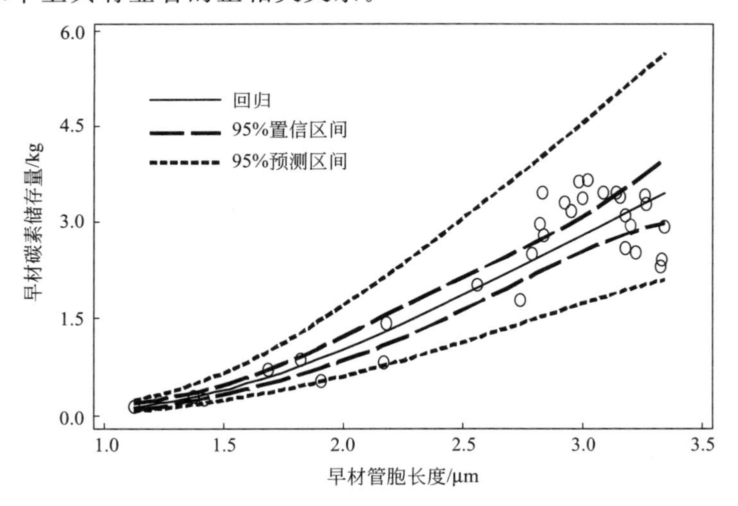

图 3-5 早材碳素储存量与早材管胞长度拟合图

表 3-2 红松早材碳素储存量与早材解剖特征指标的回归分析

指标	回归方程($y=ax^2+bx+c$)	相关系数	P 值
早材管胞长度	$y=-2.545x^2+4.462x-1.102$	0.966	* *
早材管胞直径	$y=-1.479x^2+3.534x-1.681$	0.264	—
早材管胞壁厚	$y=-2.247x^2+3.291x-0.773$	−0.401	*
长宽比	$y=-5.605x^2+27.43x-33.00$	0.928	* *
早材壁腔比	$y=0.284x^2-1.293x-0.323$	−0.372	*
早材胞壁率	$y=11.07x^2+7.010x+1.331$	0.145	—
早材微纤丝角	$y=-9.499x^2+17.19x-7.236$	−0.961	* *

注：“*”表示在 0.05 水平上显著相关；“* *”表示在 0.01 水平上显著相关；“—”表示不显著相关。

3.2.1.2 晚材管胞长度

从图 3-6 所示的晚材碳素储存量与晚材管胞长度的径向变异曲线可以看出，晚材管胞长度随生长轮龄的不断增加，其径向变异趋势与早材管胞长度基本相似。随着生长轮龄的增长，管胞不断变长，且变化趋势较平稳；晚材碳素储存量的增长亦随生长轮龄的增长呈波动增长的趋势，波动增长的峰值比早材推迟 1～2 个生长年，在第 19 年时达到峰值，随后在树木成熟后，晚材碳素储存量又有所下降，并渐渐趋于稳定状态。

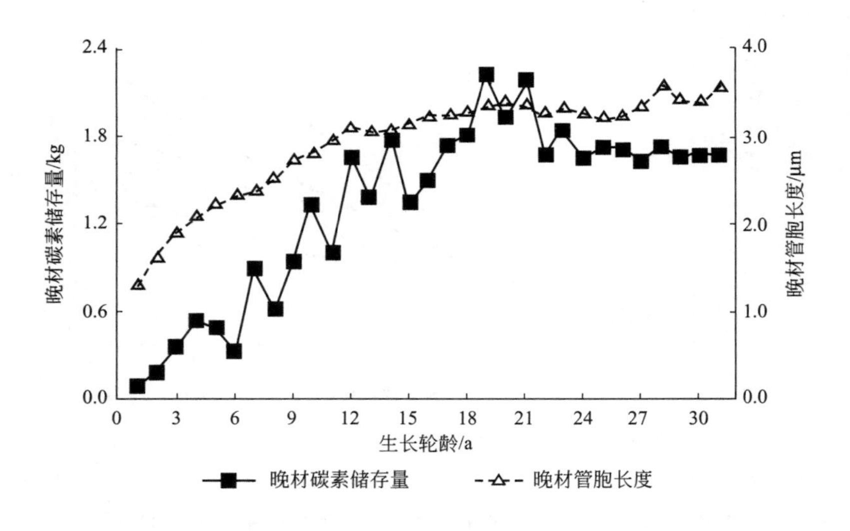

图 3-6 晚材碳素储存量与晚材管胞长度的径向变异

图 3-7 中所示的为红松晚材碳素储存量与晚材管胞长度的相关性拟合图，二者之间存在很高的拟合度。晚材碳素储存量与晚材管胞长度的回归方程见表 3-3，二者是正相关的关系，相关系数为 0.970，相关性极强，可见，晚材碳素储存量与晚材管胞长度在 0.01 水平上具有显著的正相关关系。

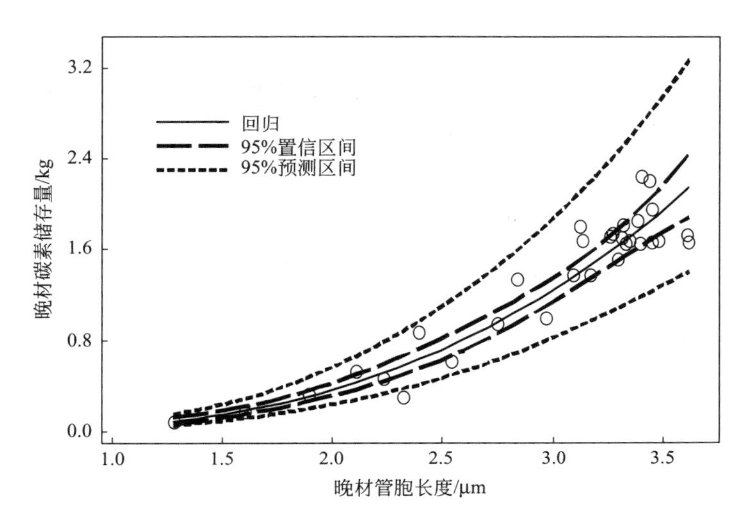

图 3-7 晚材碳素储存量与晚材管胞长度拟合图

表 3-3 红松晚材碳素储存量与晚材解剖特征指标的回归分析

指标	回归方程($y=ax^2+bx+c$)	相关系数	P 值
晚材管胞长度	$y=-0.284x^2+3.220x-1.378$	0.970	**
晚材管胞直径	$y=-2.903x^2+10.64x-9.480$	0.503	*
晚材管胞壁厚	$y=-2.964x^2+8.920x-6.486$	0.459	*
长宽比	$y=-4.254x^2+21.32x-26.34$	0.948	**
晚材壁腔比	$y=8.221x^2+6.083x+1.056$	0.395	*
晚材胞壁率	$y=-64.70x^2-27.26x-2.675$	0.406	*
晚材微纤丝角	$y=-9.241x^2+16.45x-7.048$	−0.966	**

注：“*”表示在 0.05 水平上显著相关；“**”表示在 0.01 水平上显著相关。

3.2.2 管胞直径

3.2.2.1 早材管胞直径

图 3-8 所示的为早材碳素储存量与早材管胞直径的径向变异规律图，可以看出，早材管胞直径自髓心向外围绕某一值上下波动，且波动较大；结合图 3-9 和表 3-3，早材碳素储存量与早材管胞直径的拟合度较弱，二者的相关系数为 0.264，相关性较弱，可见，早材碳素储存量

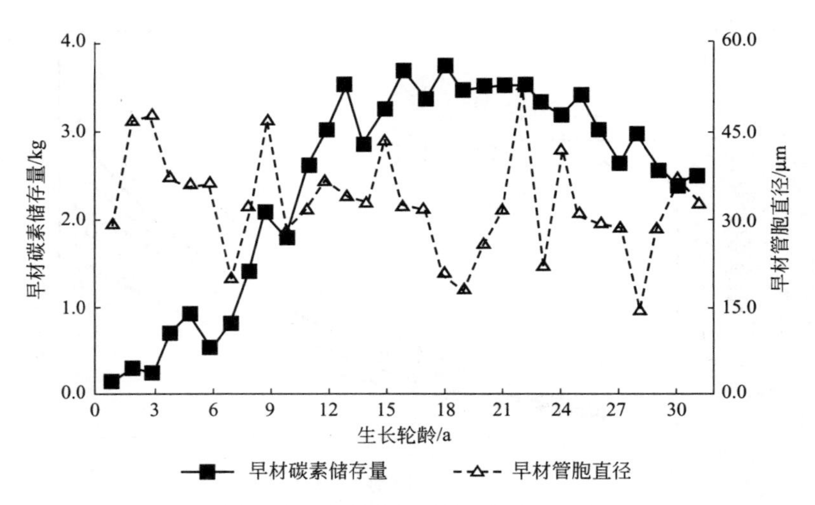

图 3-8 早材碳素储存量与早材管胞直径的径向变异

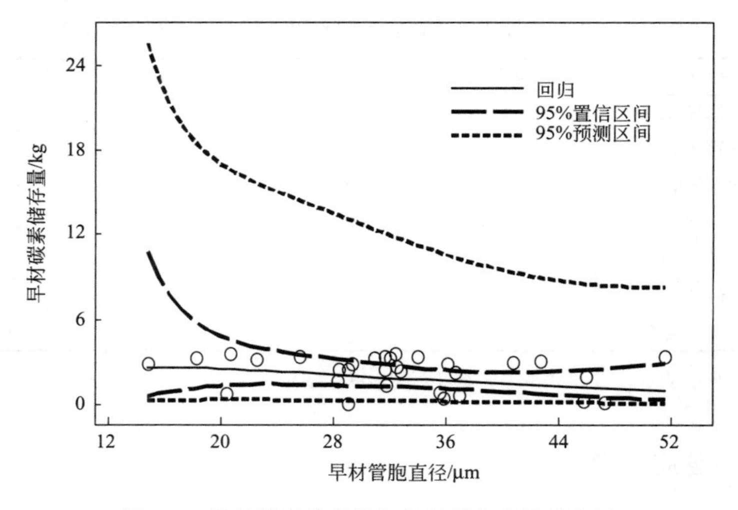

图 3-9 早材碳素储存量与早材管胞直径拟合图

与早材管胞直径之间没有显著的相关关系。

3.2.2.2 晚材管胞直径

从图 3-10 中可以看出，晚材管胞直径自髓心向外呈现缓慢增大的趋势，而且上下波动较大，其径向变异趋势与晚材碳素储存量的变异趋势在前期和中期相近，均是逐渐增大，二者之间有一定的相关性。

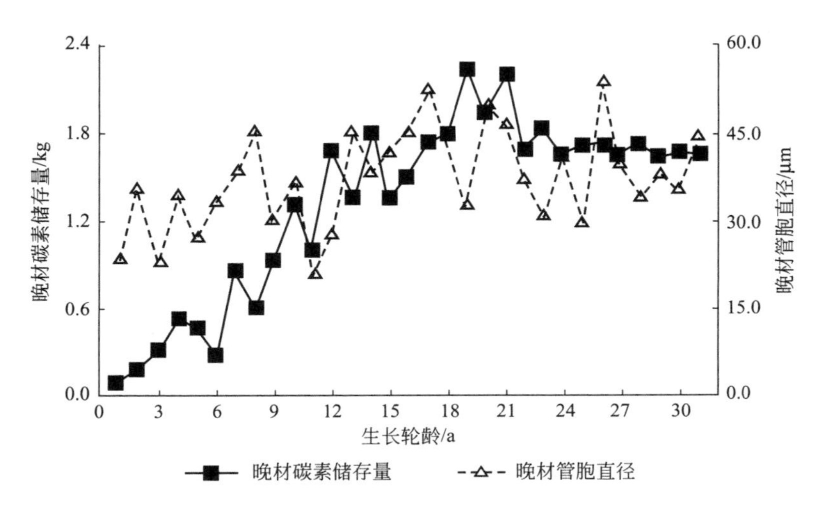

图 3-10 晚材碳素储存量与晚材管胞直径的径向变异

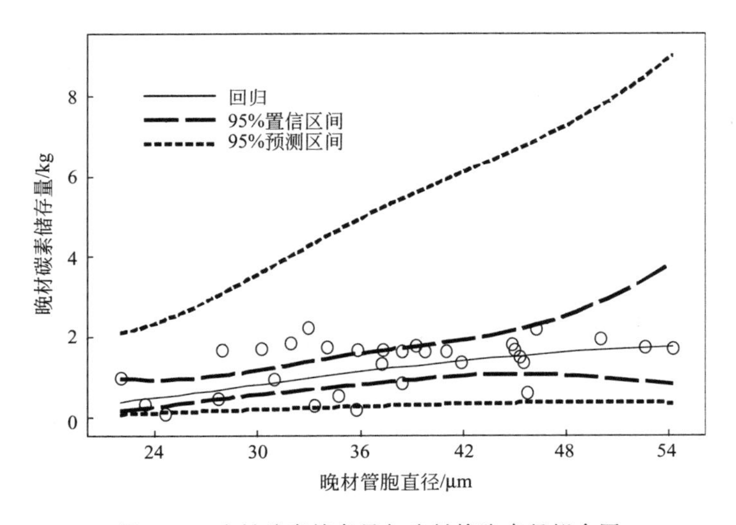

图 3-11 晚材碳素储存量与晚材管胞直径拟合图

再结合图 3-11 和表 3-3，晚材碳素储存量与晚材管胞直径的拟合度较高，它们具有方程 $y=ax^2+bx+c$ 的回归关系，其相关系数为 0.503，相关性较强，可见，晚材碳素储存量与晚材管胞直径在 0.05 水平上存在较强的正相关关系。

3.2.3 管胞壁厚

3.2.3.1 早材管胞壁厚

红松早材管胞壁厚自髓心向外围绕某一值呈上下波动变化，并随着生长轮龄的增长，有降低的趋势，早材管胞壁厚略显变薄，且在生长轮龄达到 23～24 年后趋于稳定，早材碳素储存量亦随生长轮龄增长呈波动增长趋势，在生长轮龄达到 18 年时即树木成熟后，早材碳素储存量开始下降，并渐渐趋于稳定，如图 3-12 所示。

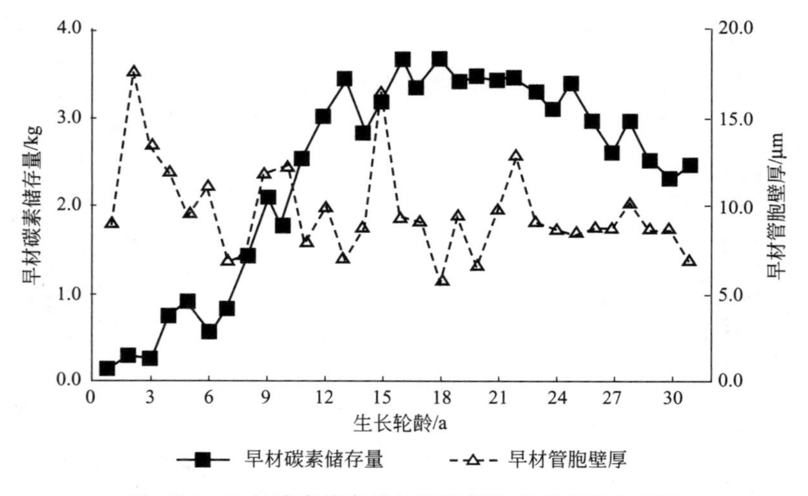

图 3-12　早材碳素储存量与早材管胞壁厚的径向变异

图 3-13 为红松早材碳素储存量与早材管胞壁厚的拟合图，可以看出，二者的拟合度一般。结合表 3-2，红松早材碳素储存量与早材管胞壁厚具有方程 $y=ax^2+bx+c$ 的回归关系，其相关系数为 −0.401，相关性较强，可见，二者在 0.05 水平上存在较强的负相关关系。

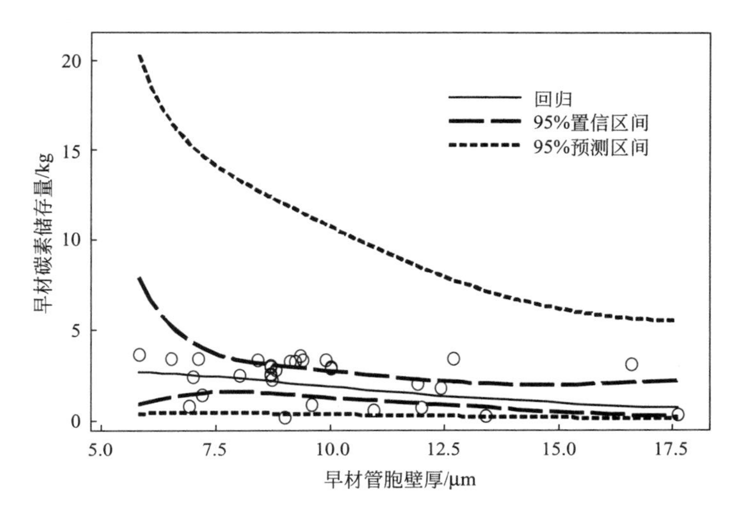

图 3-13 早材碳素储存量与早材管胞壁厚拟合图

3.2.3.2 晚材管胞壁厚

红松晚材碳素储存量与晚材管胞壁厚的径向变化趋势如图 3-14 所示，晚材管胞壁厚随生长轮龄增长呈现波动变化，且波动幅度较大，有略微增长趋势；晚材碳素储存量自髓心向外逐渐增大的趋势较明显，波

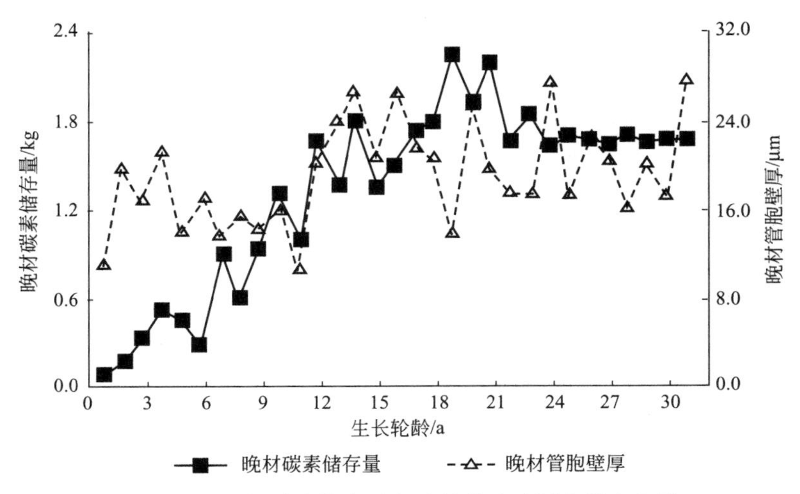

图 3-14 晚材碳素储存量与晚材管胞壁厚的径向变异

动幅度也较大。

图 3-15 中所示的为红松晚材碳素储存量与晚材管胞壁厚的拟合图，二者之间的拟合度较高，说明晚材管胞壁厚与晚材碳素储存量之间存在一定的相关性；其回归方程见表 3-3，相关系数为 0.459，相关性较强，可见，二者在 0.05 水平上存在比较强的正相关关系。

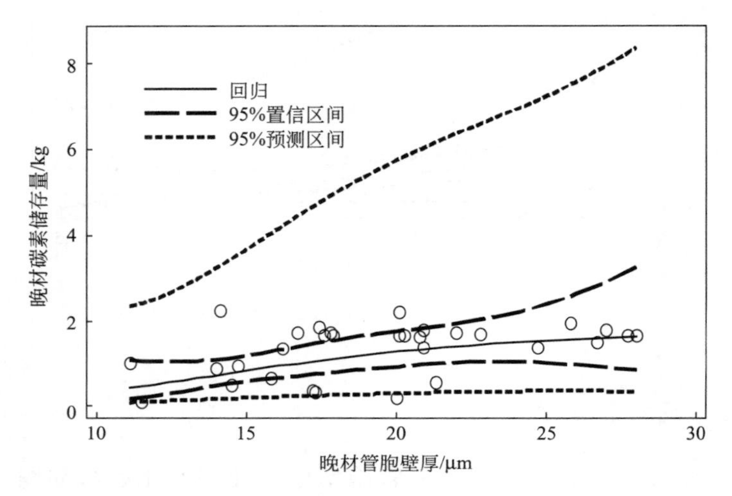

图 3-15　晚材碳素储存量与晚材管胞壁厚拟合图

3.2.4　长宽比

长宽比是指管胞长度和管胞直径的比值。红松木材的长宽比从髓心向外随生长轮龄的增加而逐渐增大，在第 12 年之前的增大速度较快，之后便呈缓慢增大趋势，如图 3-16 中所示；从前文的分析中可知，早晚材管胞长度随着生长轮龄的逐年增加而不断增大，早材管胞直径与生长轮龄没有显著的相关关系，晚材管胞直径随生长轮龄的增加而在上下波动中缓慢增大，所以得出，管胞长宽比随生长轮龄增加而增大的原因主要是因为管胞长度的增加，也就是说，红松的高生长大于其直径生长。从总体上观察，早材碳素储存量与管胞长宽比的径向变异趋势在前期和中期相近，在后期即树木成熟后的变异趋势相反，所以，二者具有一定的相关性。

结合图 3-17，红松早材碳素储存量与管胞长宽比的拟合度很高，二

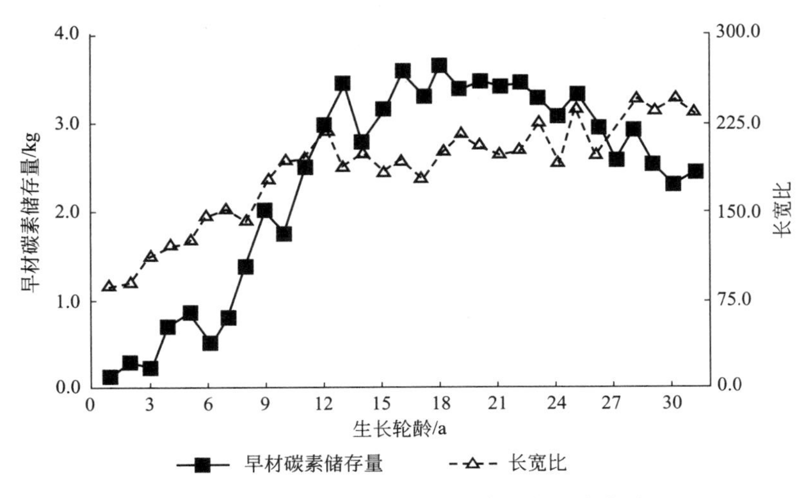

图 3-16 早材碳素储存量与长宽比的径向变异

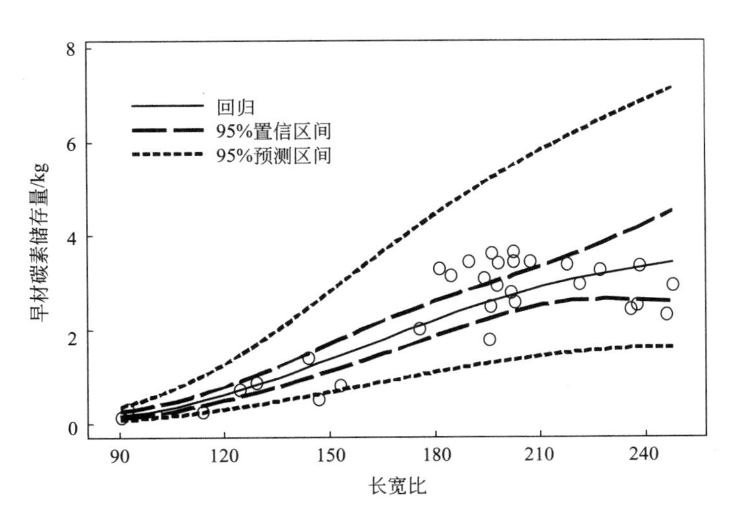

图 3-17 早材碳素储存量与长宽比拟合图

者的回归方程见表 3-2，其相关系数为 0.928，相关性极强，可见，早材碳素储存量与管胞长宽比在 0.01 水平上呈显著的正相关关系。

红松晚材碳素储存量与管胞长宽比的径向变异规律见图 3-18 中所示，二者在前期和中期的变异规律相近，有一定的相关性。再结合图

3-19，红松晚材碳素储存量与管胞长宽比的拟合度很高，二者的回归方程见表3-3，其相关系数为0.948，相关性极强，可见，晚材碳素储存量与管胞长宽比在0.01水平上呈显著的正相关关系。

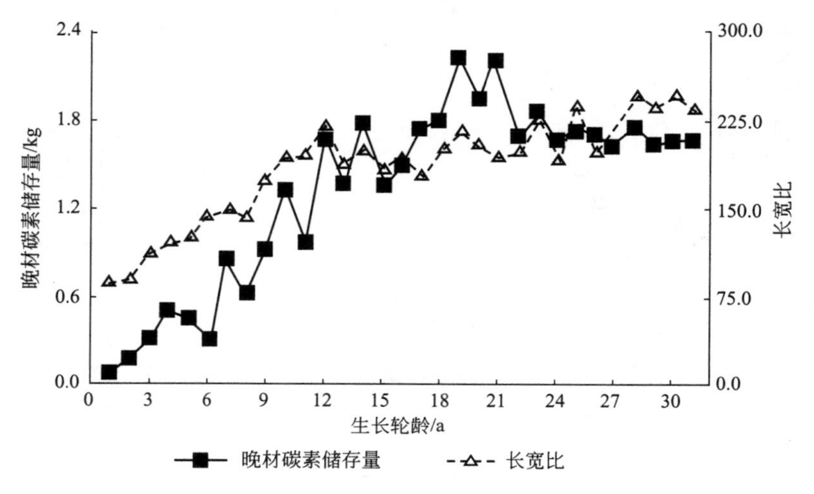

图3-18　晚材碳素储存量与长宽比的径向变异

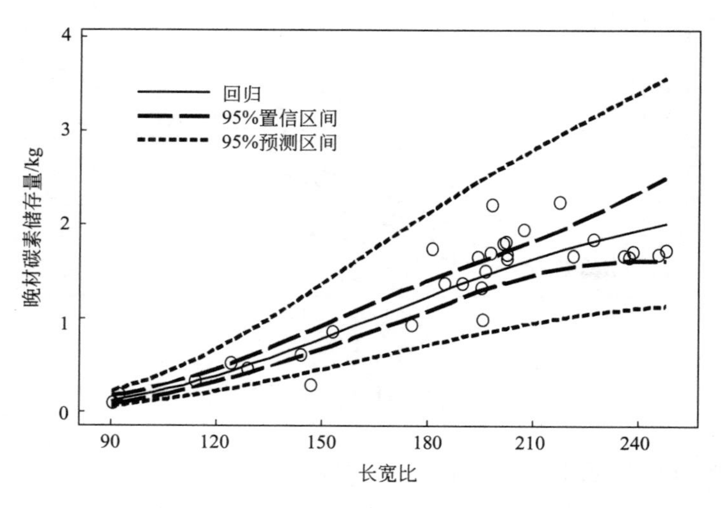

图3-19　晚材碳素储存量与长宽比拟合图

3.2.5 壁腔比

3.2.5.1 早材壁腔比

细胞壁厚度的两倍与细胞腔直径的比值，就是壁腔比。从图 3-20 中可以看出，红松早材壁腔比自髓心向外逐渐减小，且波动较大，这与早材碳素储存量的径向变异趋势在后期是相似的，二者有一定的相关性。结合图 3-21，红松早材碳素储存量与早材壁腔比的拟合度较弱，其相应的回归方程见表 3-2，相关系数为－0.372，相关性较弱，可见，红松早材碳素储存量与早材壁腔比之间存在着一定的负相关关系。

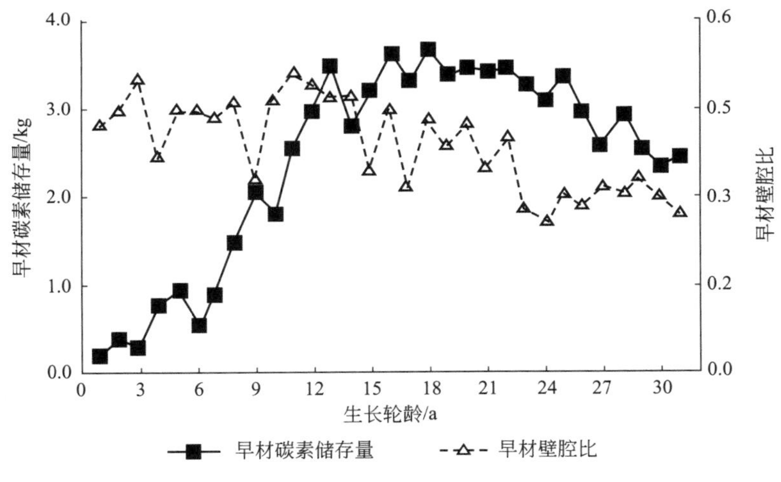

图 3-20 早材碳素储存量与早材壁腔比的径向变异

3.2.5.2 晚材壁腔比

从图 3-22 中可以看出，红松晚材壁腔比的径向变异趋势与早材壁腔比并不一致，它自髓心开始向外缓慢增大，在第 19 年达到峰值，之后迅速减小至平稳状态，并且波动较大，这与晚材碳素储存量的径向变异趋势有一定的相关性。再结合图 3-23，红松晚材碳素储存量与晚材壁腔比之间的拟合效果较弱，二者的回归方程见表 3-3，其相关系数为 0.395，相关性较弱，可见，红松晚材碳素储存量与晚材壁腔比之间存

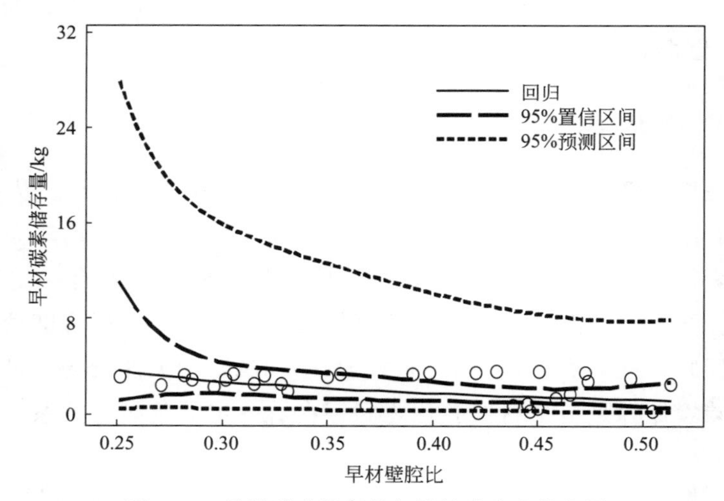

图 3-21 早材碳素储存量与早材壁腔比拟合图

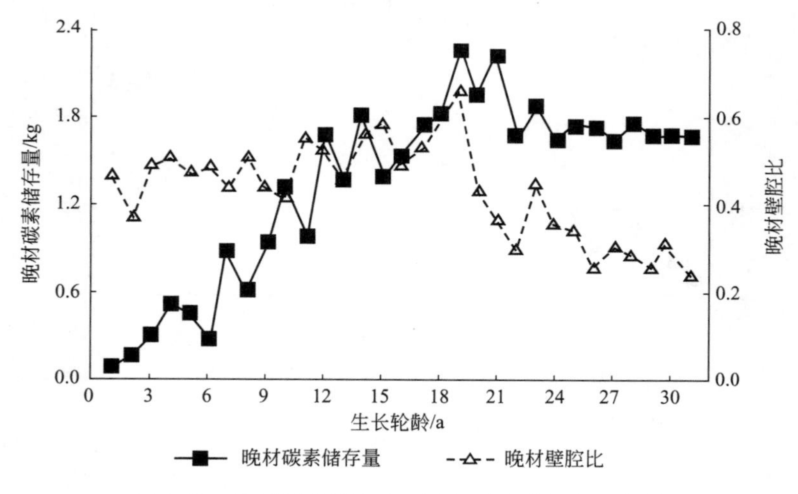

图 3-22 晚材碳素储存量与晚材壁腔比的径向变异

在着一定的正相关关系。

3.2.6 胞壁率

3.2.6.1 早材胞壁率

胞壁率是木材构造中除去了细胞腔部分，所组成木材实质部分所占

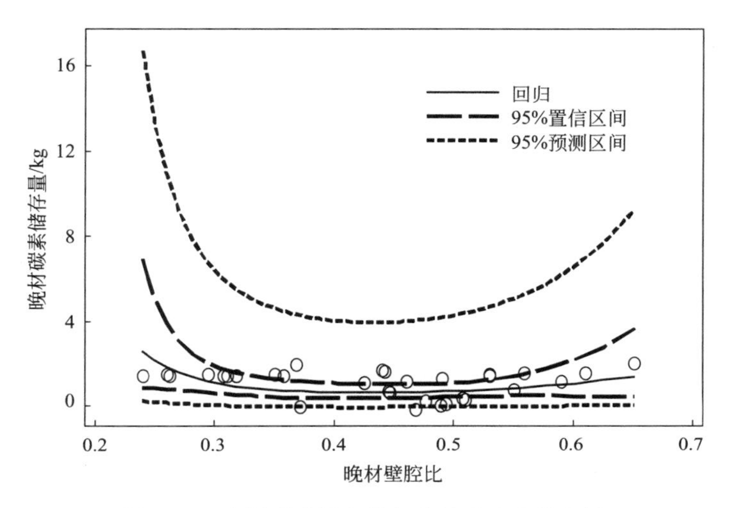

图 3-23 晚材碳素储存量与晚材壁腔比拟合图

的比率。所以，如果木材胞壁率越高，其单位体积内孔隙就越少，细胞壁物质便越多，而碳元素主要存在于细胞壁中，所以，细胞壁物质的形成过程就是碳素储存的过程，细胞壁物质越多，胞壁率越大，则其碳素储存量就越高。

如图 3-24 所示为红松早材碳素储存量与早材胞壁率的径向变异规

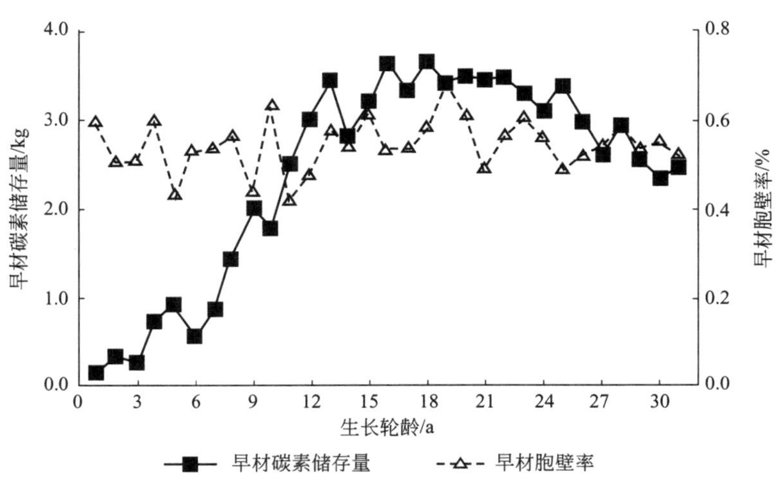

图 3-24 早材碳素储存量与早材胞壁率的径向变异

律，可以看出，早材胞壁率的径向变化趋势是围绕某一值上下波动，且波动较大，但没有明显增长趋势，与早材碳素储存量没有显著相关关系。再结合图 3-25 和表 3-2，早材碳素储存量与早材胞壁率的拟合度较差，二者的相关系数为 0.145，相关性极弱，可见，红松早材碳素储存量与早材胞壁率无明显的相关性。

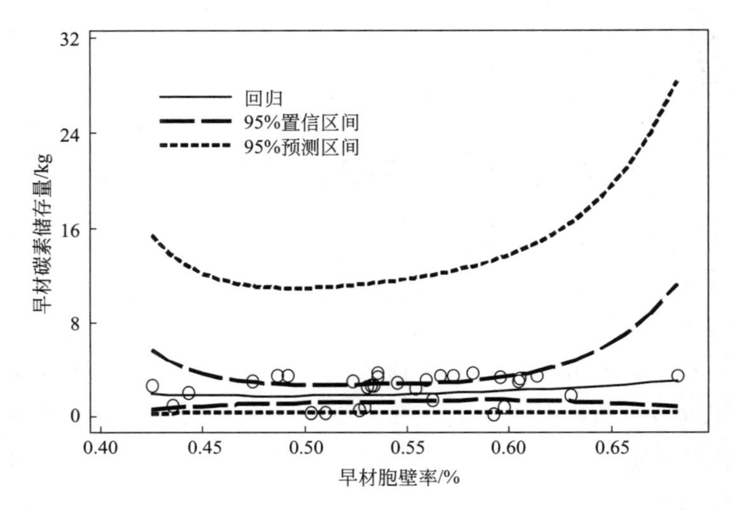

图 3-25　早材碳素储存量与早材胞壁率拟合图

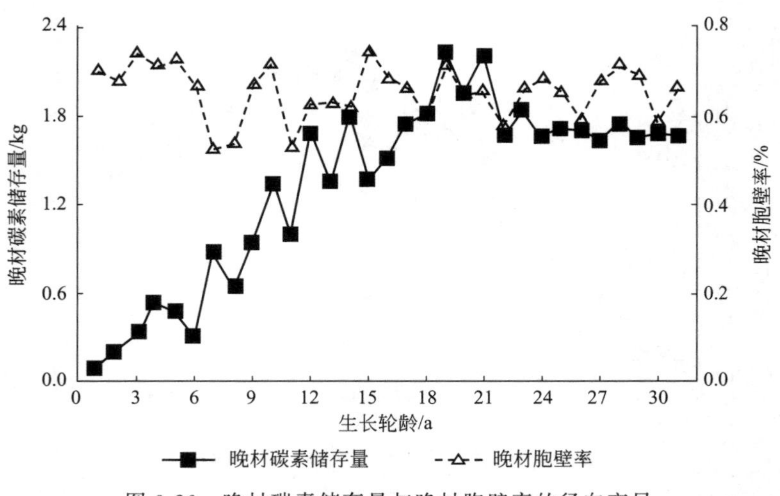

图 3-26　晚材碳素储存量与晚材胞壁率的径向变异

3.2.6.2 晚材胞壁率

如图 3-26 所示为红松晚材碳素储存量与晚材胞壁率的径向变异规律，可以看出，在径向变化趋势上，晚材胞壁率自髓心向外便围绕某一值上下波动，且波动较大，有略微减小趋势；从总体上看，晚材碳素储存量与晚材胞壁率的径向变异趋势在中后期有相似之处，二者有一定相关性。

再从图 3-27 和表 3-3 中分析可以得出，红松晚材碳素储存量与晚材胞壁率的拟合度一般，二者的相关系数为 0.406，其相关性较强，并且在 0.05 水平上存在比较强的正相关关系。

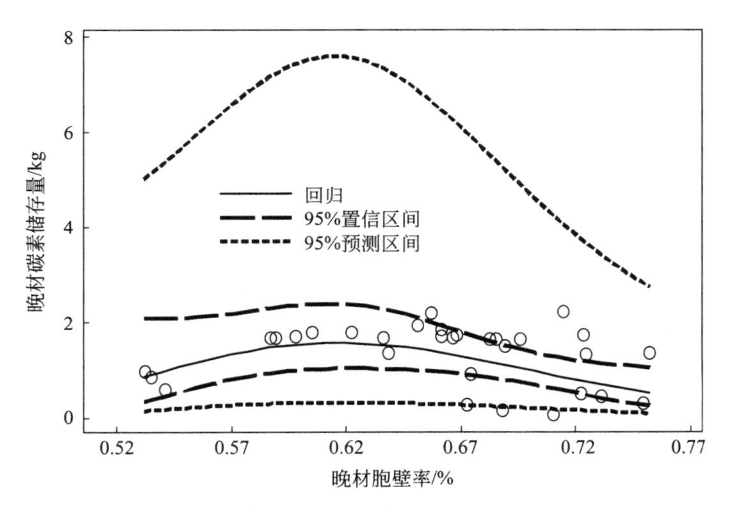

图 3-27 晚材碳素储存量与晚材胞壁率拟合图

3.2.7 微纤丝角

3.2.7.1 早材微纤丝角

在细胞的次生壁 S_2 层上，微纤丝的排列方向与细胞主轴所形成的夹角，就是微纤丝角。微纤丝角如果越小，其纵向干缩率就越小，尺寸稳定性就越强，木材强度也随之增大。从图 3-28 中可以看出，红松早材碳素储存量与早材微纤丝角的径向变异有一定的规律性，其中，微纤

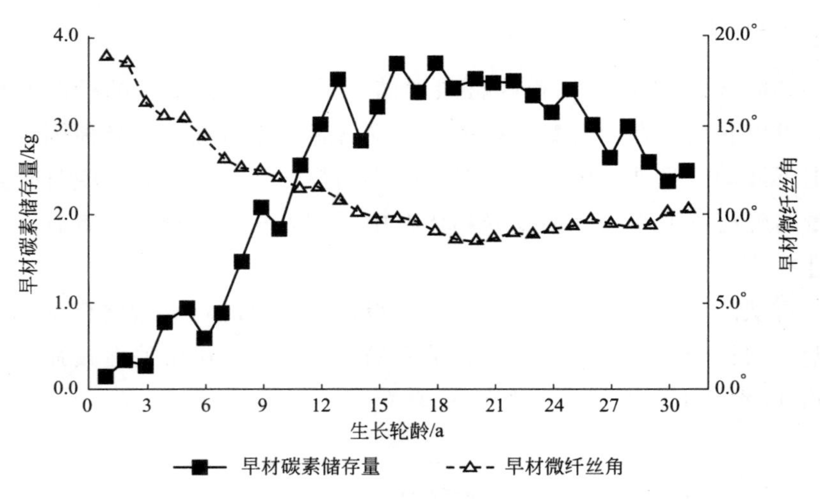

图 3-28 早材碳素储存量与早材微纤丝角的径向变异

丝角在髓心处最大，随生长轮龄的增加，从髓心向外逐渐变小，而且，从图中曲线的变化可分析得出，早材微纤丝角在前 8 年内减小速度较快，之后缓慢变小，并且从第 21 年左右开始呈缓慢增大的趋势。这主要是因为，靠近髓心处的树木其形成层原始细胞分裂较快，产生的子细胞壁较薄，微纤丝角则较大，相反则较小；从总体上观察，早材碳素储存量与早材微纤丝角之间的径向变异趋势相反，二者有较强的负相关性。

从图 3-29 分析得出，红松早材碳素储存量与早材微纤丝角之间的拟合度很高，其相应的回归方程见表 3-2，相关系数为－0.961，相关性极强，可见，红松早材碳素储存量与早材微纤丝角在 0.01 水平上具有显著的负相关关系。

3.2.7.2 晚材微纤丝角

从图 3-30 中可以看出，红松晚材微纤丝角的径向变异趋势同早材微纤丝角相似，均是自髓心向外，随着生长轮龄的增加而迅速变小，接着变小的趋势变缓，树木成熟后在略微增大的变化中渐渐趋于平稳状态；再从总体上看，晚材碳素储存量与晚材微纤丝角的径向变异趋势恰

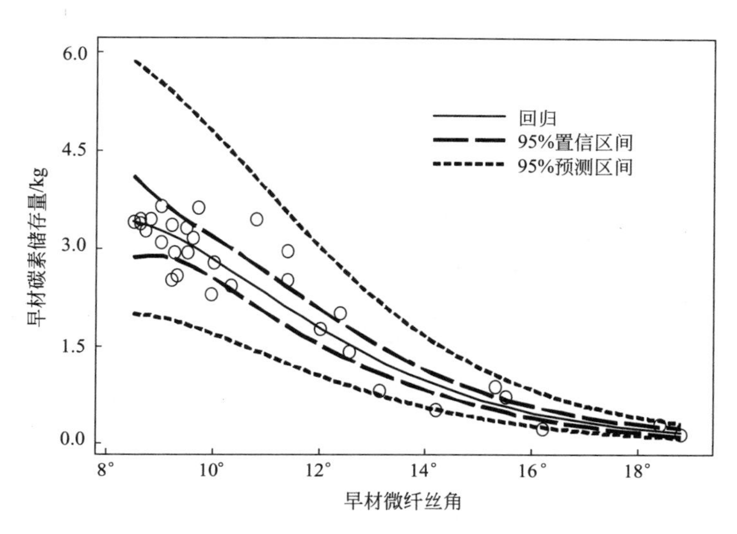

图 3-29 早材碳素储存量与早材微纤丝角拟合图

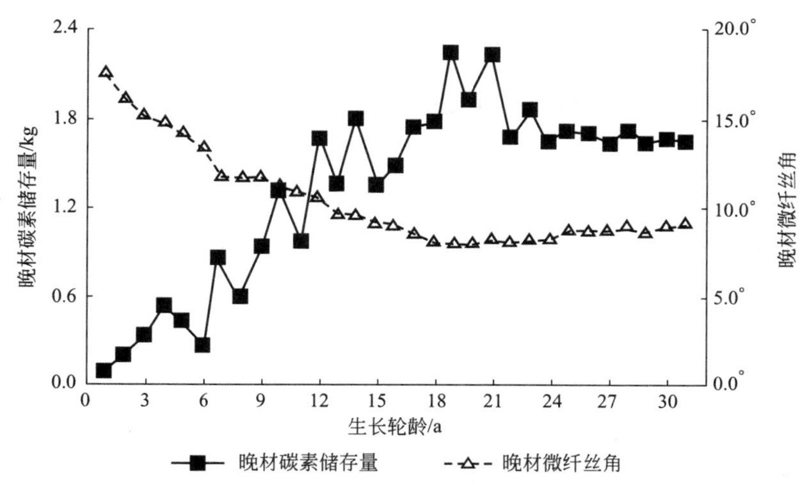

图 3-30 晚材碳素储存量与晚材微纤丝角的径向变异

好相反，二者具有明显的负相关性。

结合图 3-31 分析得出，红松晚材碳素储存量与晚材微纤丝角之间的拟合度很高，其相应的回归方程见表 3-3，相关系数为−0.966，相关性极强，可见，红松晚材碳素储存量与晚材微纤丝角在 0.01 水平上具

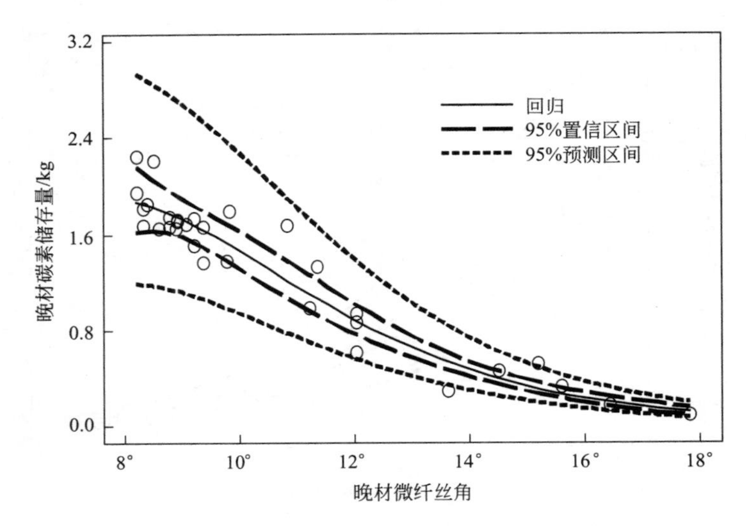

图 3-31　晚材碳素储存量与晚材微纤丝角拟合图

有显著的负相关关系。

3.3　木材物理特征对碳素储存量的影响规律

本节主要分析了木材各项物理特征与碳素储存量之间的相关性，并研究和讨论木材物理特征对碳素储存量的影响规律。其中，所包括的物理特征指标有生长轮密度、生长轮宽度、晚材率、生长速率。

3.3.1　生长轮密度

木材的生长轮密度与木材细胞壁物质的多少密切相关，而碳素是储存在细胞壁中的，所以木材的碳素储存功能与木材密度之间必然有一定的相关性。

3.3.1.1　早材密度

如图 3-32 所示为红松早材碳素储存量与早材密度的径向变异规律。从图中可以看出，红松早材碳素储存量与早材密度的径向变异规律基本

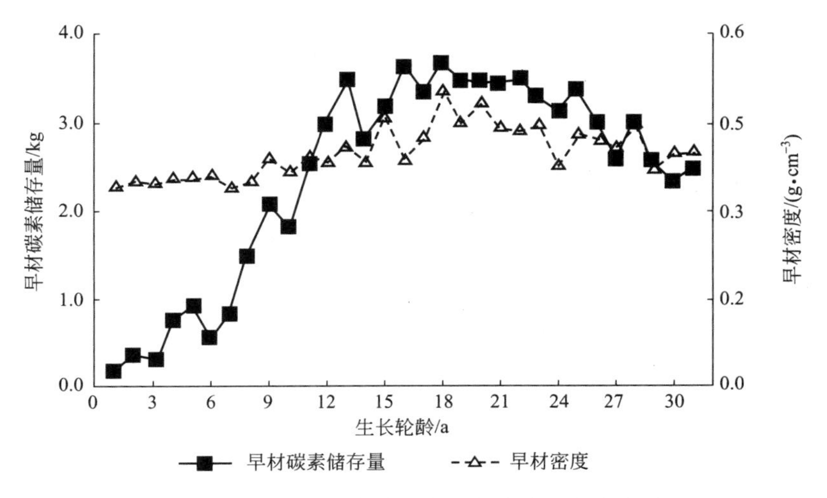

图 3-32 早材碳素储存量与早材密度的径向变异

相似，树木由幼龄材到成熟材的生长轮密度逐渐增大，最后围绕某一值上下波动。这反映了在树木的生长发育过程中，早材密度与早材碳素储存量受到立地条件、培育措施、遗传因素、树种、树龄等影响，从髓心向外，形成层原始细胞分裂较快，早材密度渐渐变大，则年生长量也增大，碳素储存量逐渐增加；到达成熟期后，约在 18 年时碳素储存量达到最高值，之后，形成层原始细胞分裂相对稳定并有减慢趋势，树木生长速度明显降低，致使早材密度和碳素储存量又开始下降至平稳状态。所以，红松早材碳素储存量与早材密度之间具有一定的相关性。

图 3-33 为红松早材碳素储存量与早材密度的拟合图，可以看出，二者的拟合度较高。而且，红松早材碳素储存量与早材物理特征指标的回归分析结果见表 3-4 所示，其中，红松早材碳素储存量与早材密度具

表 3-4 红松早材碳素储存量与早材物理特征指标的回归分析

指标	回归方程($y=ax^2+bx+c$)	相关系数	P 值
早材密度	$y=-79.00x^2-56.12x-9.3640$	0.858	**
早材宽度	$y=-7.828x^2+4.818x-0.2127$	−0.902	**
晚材率	$y=-3.359x^2+10.32x-7.2880$	0.896	**
生长速率	$y=-0.3445x^2+0.028x+0.5732$	−0.915	**

注：“**”表示在 0.01 水平上显著相关。

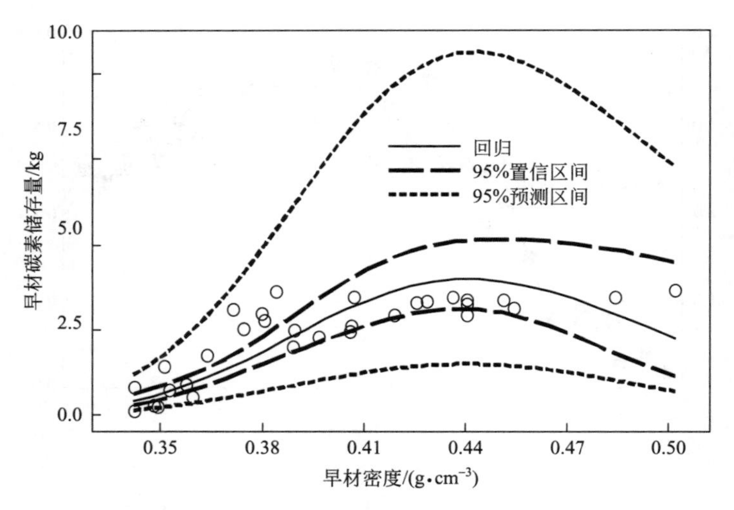

图 3-33 早材碳素储存量与早材密度拟合图

有 $y=ax^2+bx+c$ 的相关关系，相关系数为 0.858，相关性极强，二者在 0.01 水平上具有显著的正相关关系。

3.3.1.2 晚材密度

从图 3-34 所示的红松晚材碳素储存量与晚材密度的径向变异曲线

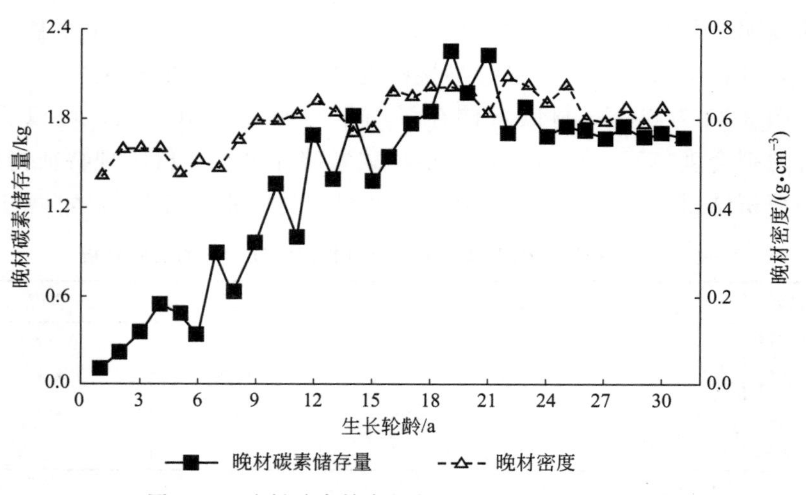

图 3-34 晚材碳素储存量与晚材密度的径向变异

可以看出，红松晚材的碳素储存量与晚材密度的径向变异规律同早材碳素储存量与早材密度的径向变异规律基本契合。所以，红松晚材碳素储存量与晚材密度也具有一定的相关性。

结合图 3-35 分析得出，红松晚材碳素储存量与晚材密度的拟合度较高，红松晚材碳素储存量与晚材密度的回归方程见表 3-5，其相关系数为 0.823，相关性极强，而且，二者在 0.01 水平上具有显著的正相关关系。

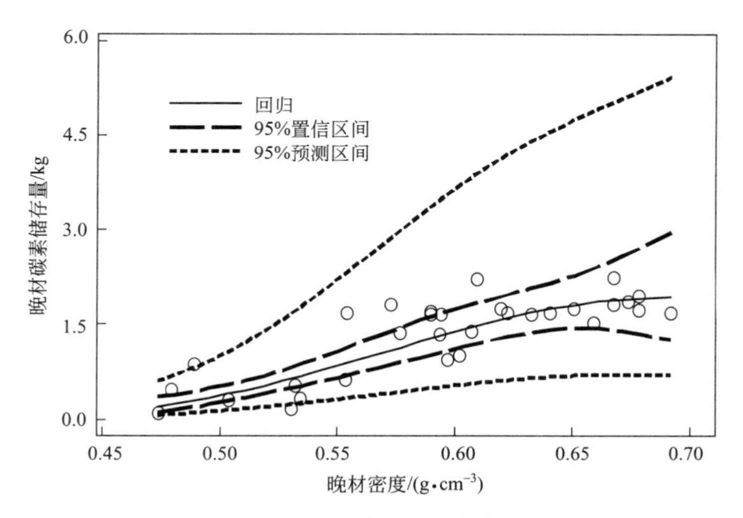

图 3-35 晚材碳素储存量与晚材密度拟合图

表 3-5 红松晚材碳素储存量与晚材物理特征指标的回归分析

指标	回归方程($y=ax^2+bx+c$)	相关系数	P 值
晚材密度	$y=-35.60x^2-11.28x-0.6100$	0.823	* *
晚材宽度	$y=4.625x^2+3.310x+0.5174$	0.281	—
晚材率	$y=-0.796x^2+3.970x-3.6430$	0.858	* *
生长速率	$y=-0.181x^2-0.254x+0.4337$	−0.927	* *

注："*"表示在 0.05 水平上显著相关；"* *"表示在 0.01 水平上显著相关。

3.3.2 生长轮宽度

3.3.2.1 早材宽度

生长轮宽度是木材的一项重要的物理特征，会因生长环境、遗传因素、树种、树龄等影响而变化；它是代表树木年生长量多少的一个重要物理指标；当树木处于幼龄材时，树木的生长速度比较快，其年生长量比较大；所以，在树木的横截面上可以看到，幼龄材的生长轮宽度较成熟材宽。

如图 3-36 所示为红松早材碳素储存量与早材宽度的径向变异规律图，从图中可以看出，红松早材碳素储存量与早材宽度的径向变异规律有很大差异，早材碳素储存量随着生长轮龄的增加而增加，在 18 年左右后达到一个峰值，之后，形成层原始细胞分裂相对稳定并有减慢趋势，树木生长速度明显降低，致使早材碳素储存量又开始下降至平稳状态；而早材宽度的径向变异趋势在前期和中期与早材碳素储存量恰恰相反，髓心附近的生长轮较宽，从髓心向外至第 6 年，生长轮宽度变动很小，之后至第 12 年生长轮宽度迅速变窄，并在第 15 年后围绕某一值上下波动，在第 25 年左右达到一个峰值；并且碳素储存量与生长轮宽度的径向变化趋势在后期都具有随树木生长而逐渐变小的趋势，可见，二者具有一定的相关性。

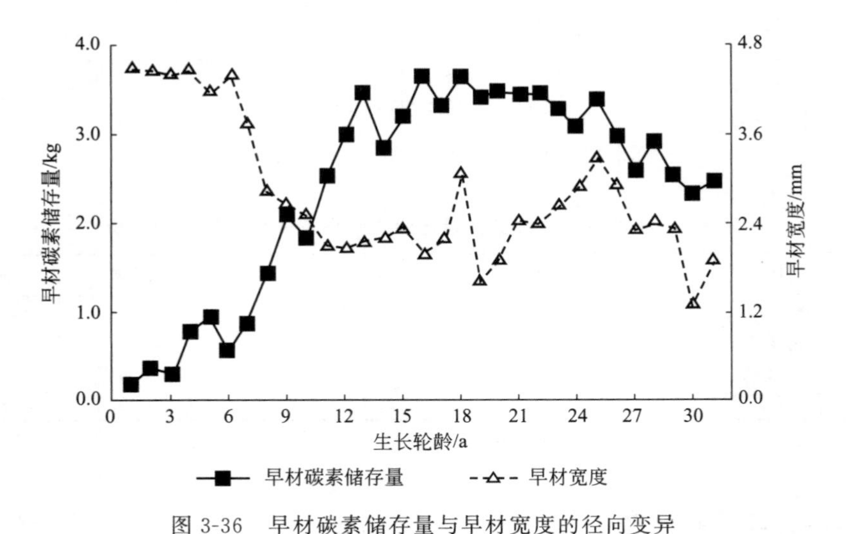

图 3-36　早材碳素储存量与早材宽度的径向变异

从图 3-37 中可以看出，红松早材碳素储存量与早材宽度的拟合效果较好，其拟合度高。而且，早材碳素储存量与早材宽度的相关性见表

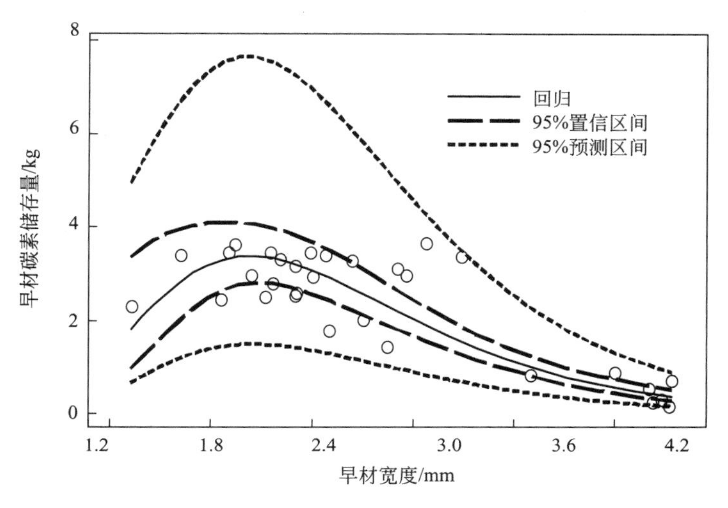

图 3-37 早材碳素储存量与早材宽度拟合图

3-4，它们具有 $y = ax^2 + bx + c$ 的相关关系，其相关系数为 -0.902，相关性极强，并且在 0.01 水平上具有显著的负相关关系。

3.3.2.2 晚材宽度

如图 3-38 所示为红松晚材碳素储存量与晚材宽度的径向变异规律

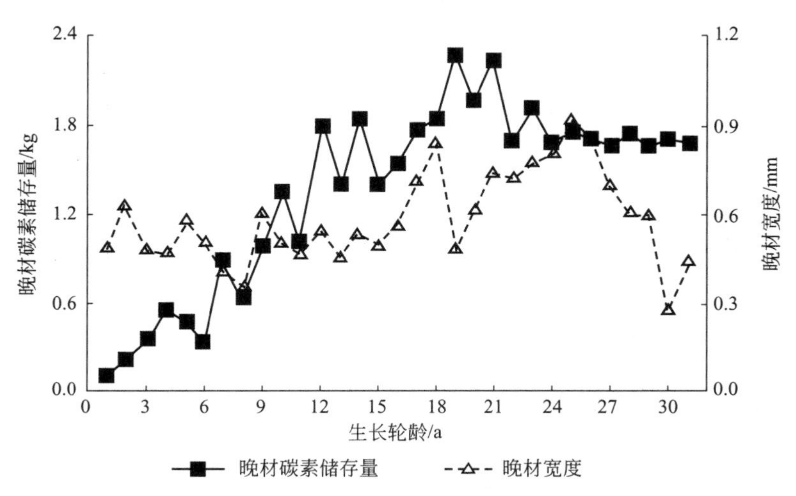

图 3-38 晚材碳素储存量与晚材宽度的径向变异

图，可以看出，晚材宽度的径向变化规律于早材宽度不一致，晚材宽度自髓心向外始终都围绕某一值上下波动，且波动较大，在第 18 年和第 25 年左右分别达到峰值。从总体上观察，晚材碳素储存量与晚材宽度的径向变化趋势并不相同，前者逐年增加之后达到稳定，后者并无明显的增减趋势，而是围绕某一个值上下波动，可见，红松晚材碳素储存量与晚材宽度的相关性较弱。

图 3-39 为红松晚材碳素储存量与晚材宽度的拟合图，分析得出，二者的拟合度较差。而且，其相应的回归方程见表 3-5，红松晚材碳素储存量与晚材宽度的相关系数是 0.281，相关性较弱，二者没有显著的相关关系。

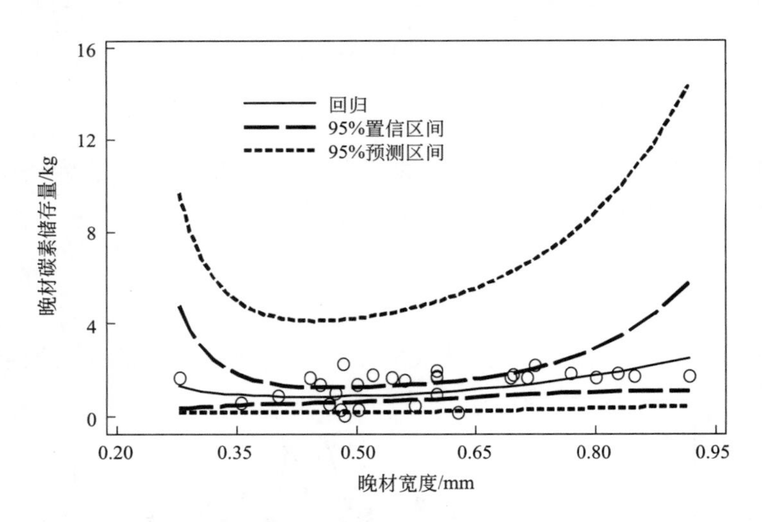

图 3-39　晚材碳素储存量与晚材宽度拟合图

3.3.3　晚材率

如图 3-40 所示为红松早材碳素储存量与晚材率的径向变异规律图，从图中可以看出，早材碳素储存量与早材宽度的径向变异规律基本相似。在幼龄材时，因树木生长较快，生长轮密度较低，而晚材率是一个年轮中晚材所占的比例，它与生长轮密度成正比例关系，所以髓心附近的晚材率较低，这与树种、树龄及生长环境、气候因子等因素有关；且前 8 年内的晚材率围绕某一值上下波动，接着随树木的生长渐渐增大，在到达一定限度即第 19 年左右，树木成熟后便开始呈降低趋势，最后趋于稳定。可见，晚材碳素储存量与晚材率的径向变异规律在前期有所区别，但在中期及后期与径向变异基本一致，这说明早材碳素储存量与晚材率有一定的关联性。

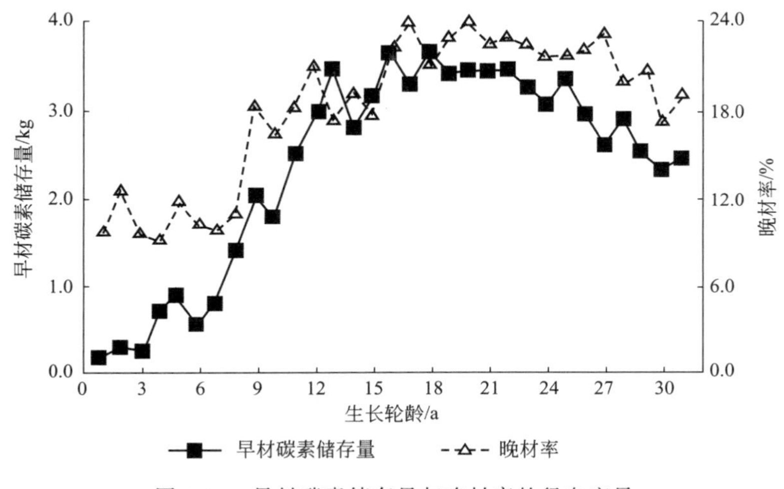

图 3-40 早材碳素储存量与晚材率的径向变异

结合图 3-41 分析得出，红松早材碳素储存量与晚材率的拟合度较高，而且，二者的回归方程见表 3-4，其相关系数为 0.896，相关性极强，可见，早材碳素储存量与晚材率在 0.01 水平上具有显著的正相关关系。

如图 3-42 所示为红松晚材碳素储存量与晚材率的径向变异规律图，从图中可以看出，红松晚材碳素储存量与晚材率的径向变异规律同早材碳素储存量与晚材率的径向变异规律基本相似，即二者在前期的径向变异有所区别，但在中期和后期的径向变异趋势大致相同，这说明晚材碳素储存量与晚材率有一定的关联性。

再结合图 3-43 分析得出，红松晚材碳素储存量与晚材率的拟合度较高，而且，二者的回归方程见表 3-5，其相关系数为 0.858，相关性极强，可见，晚材碳素储存量与晚材率在 0.01 水平上具有显著的正相关关系。

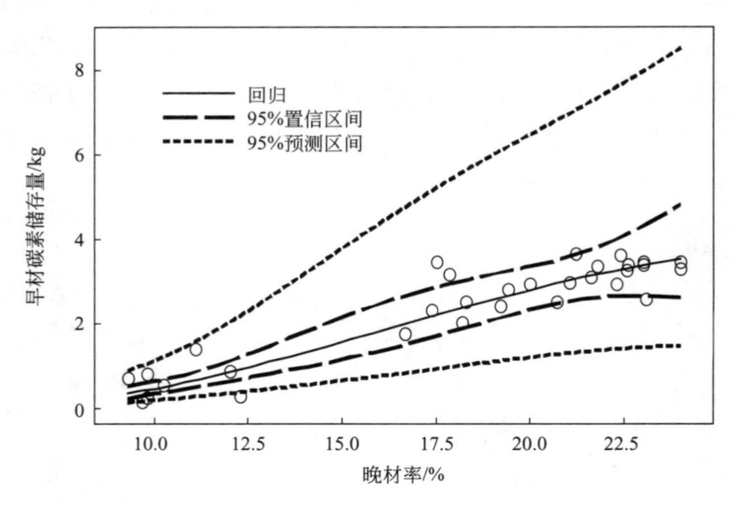

图 3-41 早材碳素储存量与晚材率拟合图

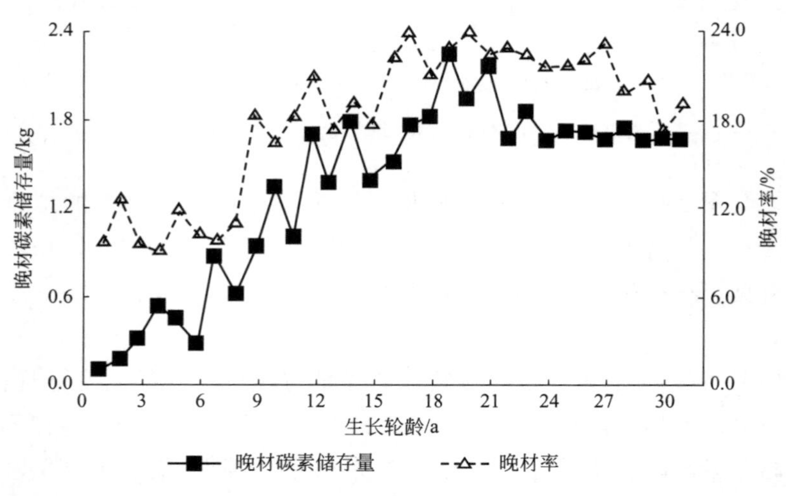

图 3-42 晚材碳素储存量与晚材率的径向变异

3.3.4 生长速率

从图 3-44 所示的红松早材碳素储存量与生长速率的径向变异规律图可以看出，红松早材碳素储存量与晚材率的径向变异规律差异很大；

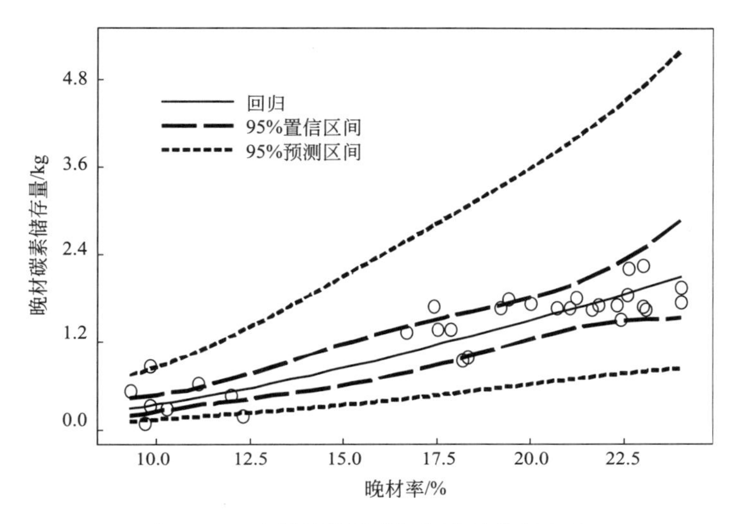

图 3-43 晚材碳素储存量与晚材率拟合图

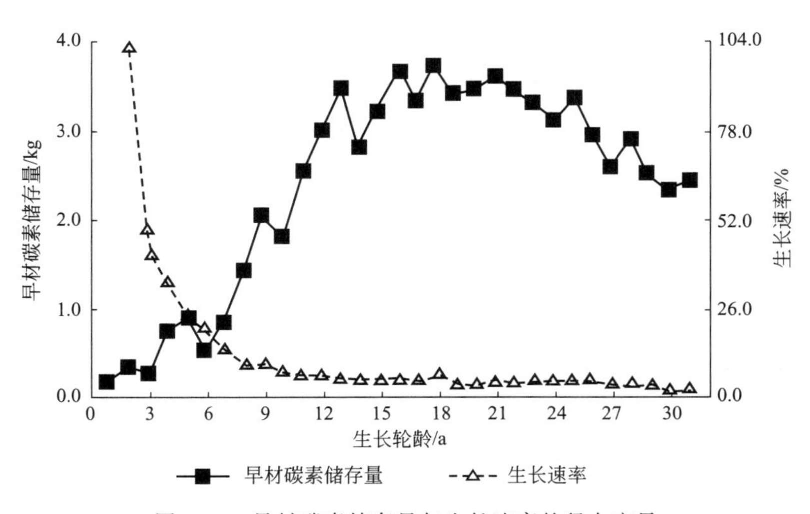

图 3-44 早材碳素储存量与生长速率的径向变异

红松生长速率从髓心向外的生长速率迅速下降，并在第 8 年后下降趋势减慢，缓缓下降至平稳状态，其变化趋势与树种、树龄、遗传因素和外界环境等因素有关；而且，早材碳素储存量在树木刚开始生长时，随着形成层原始细胞分裂较快而逐渐增大，在进入成熟期后树木生长缓慢，其生长速率与碳素储存量都开始逐渐减小。所以，从总体上观察，红松早材碳素储存量与生长速率的相关性较明显。

图 3-45 为红松早材碳素储存量与生长速率的拟合图，可以看出，二者的拟合度很高。而且，早材碳素储存量与生长速率的相关性见表 3-4，它们具有 $y=ax^2+bx+c$ 的相关关系，其相关系数为－0.915，相关性极强，可见，红松早材碳素储存量与生长速率在 0.01 水平上具有显著的负相关关系。

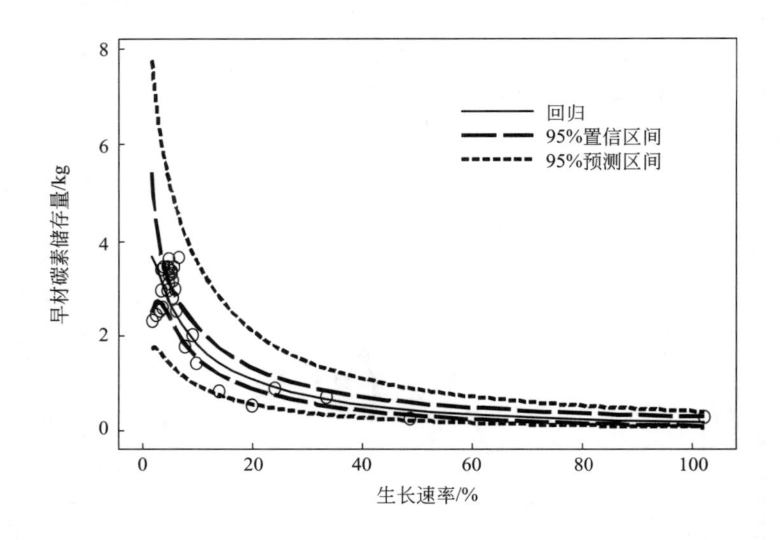

图 3-45　早材碳素储存量与生长速率拟合图

从图 3-46 所示的红松晚材碳素储存量与生长速率的径向变异规律图可以看出，红松晚材碳素储存量与生长速率的径向变异规律同早材碳素储存量与生长速率的径向变异规律基本一致，即二者在前期和中期的径向变异恰好相反，在后期的径向变异趋势相似。从总体上观察，早材碳素储存量与生长速率具有一定的关联性。

结合图 3-47 分析得出，红松晚材碳素储存量与生长速率的拟合度很高，而且，二者的回归方程见表 3-5，其相关系数为－0.927，相关性极强，可见，晚材碳素储存量与生长速率在 0.01 水平上具有显著的负相关关系。

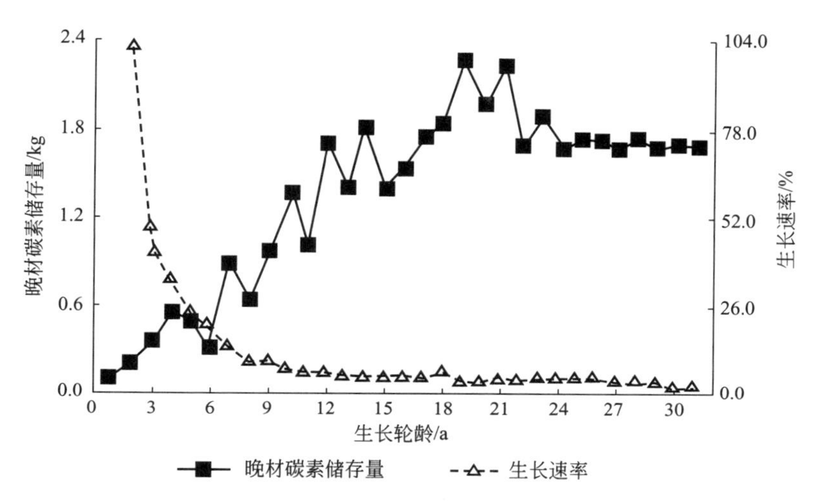

图 3-46 晚材碳素储存量与生长速率的径向变异

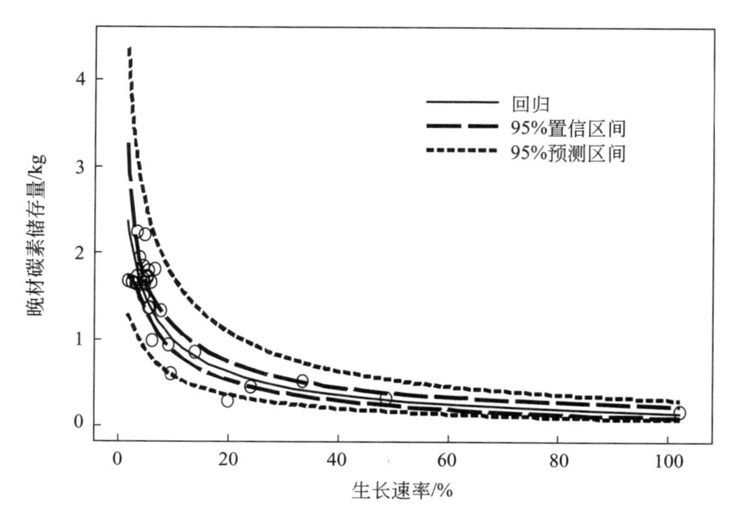

图 3-47 晚材碳素储存量与生长速率拟合图

参考文献

[1] 李坚．木材科学．北京：高等教育出版社，2002.
[2] 刘一星，赵广杰．木质资源材料学．北京：中国林业出版社，2004.
[3] 高河，冯国臣，于占春．红松在四平地区低山区的生长和造林展望．吉林林业科技．1985（5）：4.
[4] 郭明辉．木材品质培育学．哈尔滨：东北林业大学出版社，2001：90-92.

4 经营措施对木材碳素储存量的影响

据统计，森林面积巨大，维持着全球植被碳库的86%和土壤碳库的73%，是陆地生态系统中最大的碳储藏库，具有强大的CO_2固定功能，在全球碳平衡中起到重要的作用；通过造林和提高森林生产力，可以有效降低大气中二氧化碳的浓度、缓解全球变暖的趋势[1~3]。同时森林生态系统又是最经济环保的吸碳器，与工业减排相比，森林固碳投资少、代价低、综合效益大、更具经济可行性和现实操作性[4]，因此，在减缓与适应全球气候变化中，森林具有十分重要和不可替代的作用[5]。

据IPCC[6]报道，森林经营与管理是增加森林生态系统碳储量重要措施，在很多地区得到应用[7,8]，并得出森林生态系统是碳源还是碳汇主要依靠具体的干扰和管理措施[9]。周国模[10]与李正才[11]等研究表明，集约经营能显著增加竹林植被碳储量，但集约经营对土壤扰动较大，导致土壤微生物呼吸作用增强，加速了土壤有机碳的分解，降低了土壤有机碳储量，且强烈的人为干扰也会降低生态系统碳储量[12]。也有研究表明，土壤开垦变成人工林和农田生态系统后，降低生态系统碳输入，导致碳储量显著降低[13]，但施肥是林业管理的一项基本措施，施用有机肥和矿质肥能提高土壤有机碳储量；林地覆盖，采伐剩余物处理也会对生态系统碳储量产生影响[14]。

目前，我国的森林面积和蓄积量呈现双增长现象。我国森林面积从1992年的1.34亿公顷增加到现在的1.95亿公顷，净增加了约6200万公顷；森林蓄积量从101亿立方米增加到137亿立方米；而且，人工林的保存面积居世界第一位，大约有6168万公顷[15,16]。

随着人工林蓄积量的持续增加，林木资源的碳素储存的地位越来越重要。而且，单位面积的人工林木材蓄积量、木材材质、木材碳素储存量之间存在一定的联系，但它们的最优值不具有一致性；同时，人工林木材年蓄积量与立地条件、气候条件、培育措施有着必然的联系，他们影响到木材的材质和年碳素储存量，可通过可持续的人工林经营措施提高林木的碳素储存量[17,18]。因此，通过分析立地条件、气候条件和培育措施等影响因素与人工林木材碳素储存量的相关关系，对合理经营人工林、确定高碳素储存量的优质人工林经营措施及充分发挥森林的生态和社会效益有极其重要的理论指导意义。

树木的生长和发育都必须在一定的环境条件之下进行，而且，木材各项材性特征指标的变化都与树木的生长环境、气候因子、培育措施、遗传因素、树种和树龄等因素有极大的关系[19]。同理，木材的碳素储存能力可能会与树木生长过程中的立地条件、气候条件、培育措施等因素有关联；研究林木经营措施、方式对碳汇功能的影响机理，研发林木增汇减排技术，以指导林木科学经营，提高现有林木整体碳汇功能，具有重要的理论价值和现实意义。而且，应对气候变化的经营措施不能依赖于单一的方案，最好的策略是在不同环境条件下配置不同的方案。也就是说，选择经营方式要有灵活的策略，经常性地重新评估环境状况，并在多种可供选择的措施中根据新的环境条件来进行选择。基于所采取的一系列短期和长期策略，可以提高森林生态系统的抵抗力和恢复力，并促进森林生态系统适应不可避免的气候变化。

4.1 林木的碳素储存

随着森林生态价值逐渐被人们所认识，林木的生态环境效益因子的地位在森林经营中愈加明显，其中与气候变化密切相关的森林碳汇作用尤其受到关注，将碳储存在森林和林木制品中通常被看作是减缓气候变化影响的极为有效的策略。

森林影响碳源或碳汇的相互转化关系很大程度上取决于造林、采伐、抚育等森林经营行为，地方或区域的管理决策可以显著改变森林气候，从而改变森林对气候变化的减缓能力[20]。虽然各个国家的社会、经济和文化发展背景有所差异，林业的具体经营目标和重点千差万别，采取的森林管理方式各不相同，但总体思路和发展方向是基本一致的，都是在不断重视生态环境的作用，兼顾生态与经济的协调。

4.1.1 森林固碳量的来源与形成过程

森林是生态系统碳循环的重要一环，具有碳汇和碳源双重作用，对全球的气候变化有着重要的影响。同时，森林又是全球三大碳汇之一(地壳、海洋、森林)，是陆地生态系统的主体，在全球生态系统中都占有重要地位，对大气中 CO_2 含量的变化有着极其重要的调节作用。

森林生态系统中的植物通过光合作用吸收 CO_2，放出 O_2，把大气中的 CO_2 吸收固定在植被和土壤中，而森林中的动植物遗体、排泄物和森林枯落物被各种微生物分解，其中大部分有机物通过腐殖化和非腐殖化过程进入土壤成为其中的有机碳，从而降低大气中 CO_2 的浓度。森林作为陆地生态系统的主体，以其巨大的生物量储存着大量的碳，森林植被中的碳含量约占植被干重的 50%[21]。不同的森林管理措施都可能会增加林分中的生物量和碳累积[22]，这些方式包括树木密度控制、防火、物种和基因型选择、病虫害防治、轮伐期延长、营养状况改善采伐后残留物管理方式改变等。

4.1.2 不同经营措施对森林碳汇的影响

4.1.2.1 森林经营所遵循的原则

森林是生态系统碳循环的重要一环，具有碳汇和碳源双重作用，对全球的气候变化有着重要的影响。森林资源的经营措施主要以森林生态系统为经营对象，以可持续经营为理论基础，进行科学的、合理的、可持续的经营管理。首先，以保护生态环境为优先原则，要协调好木材生产与生物多样性保护、协调好各个生态系统的关系；其次，可持续经营发展原则，控制好森林的采伐，协调好森林资源的培育，要做到既保护又发展；最后，整体协调原则，要协调好整体与局部的关系，协调好林业建设与整个社会的发展关系，制定相应的森林经营管理方案[23]。

4.1.2.2 营林措施对森林固碳量的影响

森林采伐是对森林进行利用的主要手段，也是调节森林结构、促进森林生长和健康发展的重要措施之一。森林抚育、林分改造的森林采伐限额管理，不应成为森林抚育和低价林改造的瓶颈，要从有利于森林培育、有利于经营主体、有利于森林资源保护“三个有利”的原则进行完善，要转变以往的森林采伐方式，有效利用采伐后的森林剩余物[24]。

森林保护是预防和消除森林的各种破坏和灾害的措施，保证树木健康生长、避免或减少森林资源损失的重要措施，这主要是因为森林经常会遭受人类的盲目砍伐、雪崩、病虫害、风暴、火灾等人为或自然破坏的原因。森林火灾是对森林伤害最大的一项破坏因子，由于次数频繁、严重程度较大等极大地影响森林资源的数量和质量。森林病虫害是对森林资源危害第二大的破坏因子，其直接影响植物的生长和发育，降低植株的成活率和固碳能力[25]。各地因气候和区域不同，病虫害发生的种类和程度不同。林学家们经过调查结果表明：人工红松林成灾的病虫害主要是疱锈病、烂皮病（流脂病）、松梢螟和松梢象鼻虫等，而松梢螟和松梢象鼻虫是造成人工红松林树木分杈的主要原因，流脂溃疡病主要危害主干，树干被害后皮部失水，下陷、收缩，导致棱开扁干或畸形，甚至树干细缢，严重的环截树干，破坏了输导组织，严重影响木材的质量和碳汇能力。因此，应做好森林的防火和病虫害防治工作，保护森林资源，增加森林碳汇[26]。

研究表明，改变物种组成、轮伐期长度和疏伐体系以及保护森林、增加森林面积和保护土壤等经营管理措施都可用于增加森林中的碳汇量[27,28]。通过减少毁林和森林退化、人工造林以及林地的自然扩张来维持或增加森林面积[29,30]，通过适宜的营林技术（如优化物种组成、部分采伐、疏伐）来维持或增加林分水平的碳密度，通过森林保护、轮伐期延长、火灾管理和病虫害防治来维持或增加景观水平的碳密度[31]。

4.1.2.3 加强森林管理和提高森林碳汇的措施

首先，加大对林业建设的支持。近年来，我国对林业建设重视，一方面不但进行了退耕还林，还对荒山等进行了人工植林，增加了森林的面积；另一方面，逐渐建立了自然保护区，加强了对森林和自然保护区的建设管理，有效地保护了森林资源；还营造了大量的速生丰产林，这些措施都有效增加了我国的森林覆盖率，增加了森林的固碳量，提高了森林的碳汇能力。

其次，引进先进的科技支撑技术，对森林火灾、虫害等进行实时检测和预防。我国人工森林面积居世界第一，但是森林火灾和虫害也多发，因此，需要积极的研究不同区域森林的特点，建立森林灾害评估体系，提供应对措施，确保我国森林资源的安全，进而加强森林的碳汇能力[23]。

最后，科学的管理森林资源，提高森林质量。我国人均森林资源较少，所以，在进行森林经营管理时，必须要以可持续经营为目标，加强对森林从培育到采伐的全过程管理，提高经营管理水平，实现森林经营管理的规范化、科学化，切实提高森林的碳汇能力。

4.2 不同立地条件下的木材碳素储存

立地条件也称为森林立地或者立木生境。所谓立地，就是指影响到林木的生长发育及形态、生理活动的地貌、土壤和生物等外部环境因素的总和；构成立地的各项因素，就是立地条件。

立地条件就是影响森林形成和树木生长发育的各种自然环境因素的综合，其中，地理位置、生长坡位、土壤类型等因素对树木生长的影响比较大。因此，为了合理地经营森林，培育高碳素储存量的树木，本节是以人工林红松木材为研究对象，主要研究了地理位置、坡位和土壤类型三种立地条件对红松木材碳素储存量的影响规律及它们之间的相关关系。

4.2.1 人工林生长与立地条件的关系

提高林分的生长量，获得优质木材是森林经营的主要目的之一，林分生长与林木的地理位置、坡位、土壤类型有密切的关系。

4.2.1.1 生长与地理位置

对东北地区人工红松林而言，其生长速度从南部草河口到北部的带岭，随着纬度的增高有递减的趋势[32]。而从黑龙江省不同地区人工红松林的生长状况看，帽儿山地区人工红松林5～20年生生长量比牡丹江和伊春地区大，当生长到25年生时，伊春地区的人工红松林比同期帽儿山地区的生长量大，与辽宁草河口25年生林分生长量的差距减小[33]。

人工红松林生长的这种地区性差异，主要是由于林木的纬度和海拔高度、地理因素变化所引起的。

4.2.1.2 生长与坡位

林木的生长坡位（坡向、坡度）不同，会间接作用于水热条件，从而使林分的生长状况产生差异[34]。

从坡向上看，红松在半阴半阳坡生长好，阴坡比阳坡生长好[35,36]，这主要因为阳坡辐射能较大、热量条件好、温度较高，因此土壤水分减少快，抑制了林分的生长量，而阴坡水分条件充足，更适宜红松生长。对阳坡而言，虽然热量条件好，但水分条件是影响红松生长的限制因子，相反在阴坡水分条件是主导因子，温度条件是限制因子，因此，不同的坡向，主导因子和限制因子是可以互相转化的。

从坡度上看，红松生长量随坡位上升而呈下降的趋势[36]，这主要是由于不同坡位直接影响光照强度、土层厚度、水分状况及有机质含量等一系列生态因子的变化。坡下部因水分的地表径流和壤中流携带养分的积累，使土层加厚，水分条件充足，有机质含量丰富，从而促进了红松林分的生长。相反，在坡上部和坡中部，由于水分条件较差，养分较少，加之风速较大等生态因子的不良组合不利于林木生长。

4.2.1.3 生长与土壤类型

从土壤类型上看，红松在暗棕壤上生长最好，其次为白浆化暗棕壤，最差为白浆土[36]。这是由于暗棕壤土壤结构好、水分及养分条件充足，适宜红松生长；而白浆土和白浆化暗棕壤的水分、养分均不及暗棕壤，因此导致林木生长量均低于暗棕壤，这与红松原始林地带性土壤类型相吻合。

从土层厚度上看，红松人工林生长随土层厚度的增加而呈增大的趋势[37,38]。这主要是土层厚度不同，土壤肥力存在显著的差异的缘故。

4.2.2 地理位置

以帽儿山试验林场老山生态站、凉水试验林场和方正试验林场的人工林红松为研究对象，研究了三处不同地理位置下的红松木材的碳素储存量，分析了地理位置和木材碳素储存量的相关关系。

由表 4-1、图 4-1 分析可知，在老山、凉水和方正林场三处不同地理位置的早材碳素储存量中，方正林场的平均值几乎等于老山生态站的两倍多，凉水林场的早材碳素储存量高于老山生态站，但老山生态站的变异系数高于凉水林场，其早材碳素储存量的离散度较大，而方正林场的早材碳素储存量的变异系数高于老山生态站，其离散度最大。老山生态站的早材碳素储存量在 12 年之前逐年增加，第 12 年至第 25 年处于平稳状态，在第 25 年之后有逐年递减的趋势；凉水林场的早材碳素储存量自髓心向外呈缓慢增长的态势，并从第 16 年开始达到平稳状态；方正林场的早材碳素储存量在 9 年前同老山生态站、凉水林场一样，均是缓慢增加，但从第 10 年开始增加趋势加快，在第 19 年达到峰值后逐渐下降至平稳状态。由此得出，方正林场的早材碳素储存量在总体上高于凉水林场和老山生态站，方正林场更有助于培育出高碳素储存量的人工林红松。

表 4-1 不同地理位置红松木材碳素储存量统计分析

地点	指标	最大值/kg	最小值/kg	平均值/kg	标准差	变异系数/%
老山	生长轮碳素储存量	5.440	0.177	3.600	1.750	48.61
	早材碳素储存量	3.613	0.112	2.330	1.168	50.13
	晚材碳素储存量	2.098	0.065	1.270	0.614	48.35

续表

地点	指标	最大值/kg	最小值/kg	平均值/kg	标准差	变异系数/%
凉水	生长轮碳素储存量	6.148	0.671	4.386	1.995	45.49
	早材碳素储存量	4.213	0.578	3.036	1.371	45.16
	晚材碳素储存量	2.006	0.094	1.350	0.678	50.22
方正	生长轮碳素储存量	13.849	0.992	8.447	4.481	53.05
	早材碳素储存量	9.163	0.468	5.341	3.202	59.95
	晚材碳素储存量	4.685	0.524	3.166	1.398	44.16

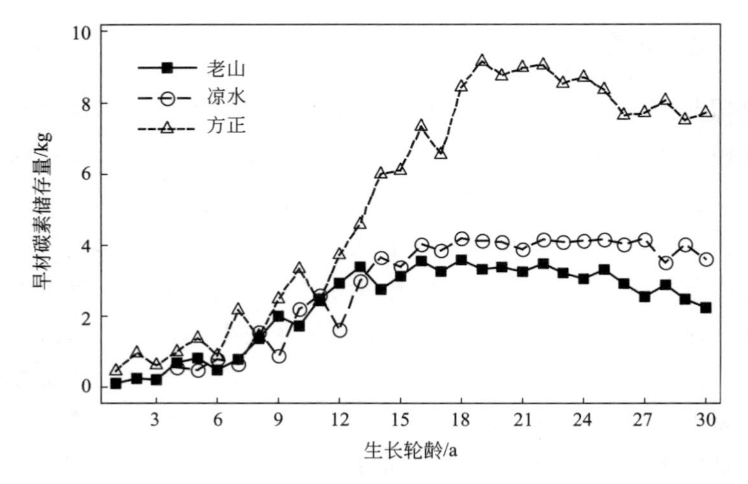

图 4-1　不同地理位置早材碳素储存量径向变异

结合图 4-2、图 4-3，对比不同地理位置的晚材碳素储存量，分析得出，老山生态站的晚材碳素储存量与凉水林场的径向变异趋势相近，其平均值均小于方正林场晚材碳素储存量的 1/2；老山生态站和凉水林场的变异系数接近，均高于方正林场，这主要是由于方正林场晚材碳素储存量的平均值较高，致使其离散度低于老山生态站和凉水林场；由此得出，方正林场的晚材碳素储存量在总体上高于凉水和老山生态站，方正林场更加适合于培育高碳素储存量的人工林红松。

同样，从图 4-3 中可以得出，老山生态站、凉水林场和方正林场生长轮碳素储存量的径向变异趋势同早材碳素储存量的变异趋势基本一致，再对比不同地理位置条件下的生长轮碳素储存量，分析得出，方正林场＞凉水林场＞老山生态站，其中方正林场生长轮碳素储存量的离散

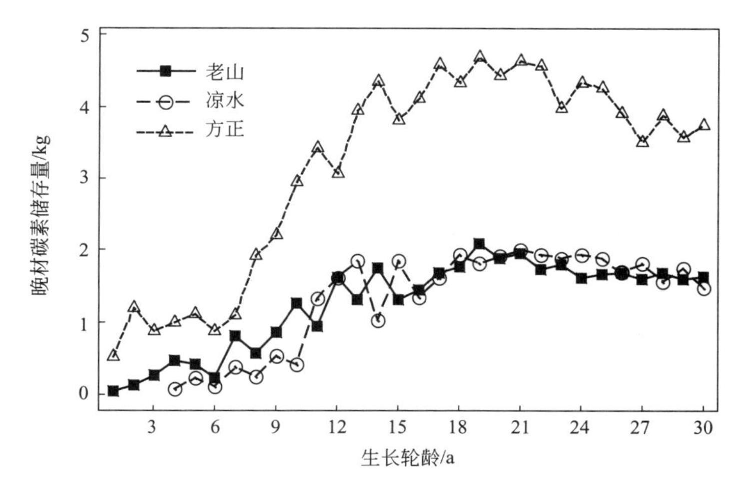

图 4-2 不同地理位置晚材碳素储存量径向变异

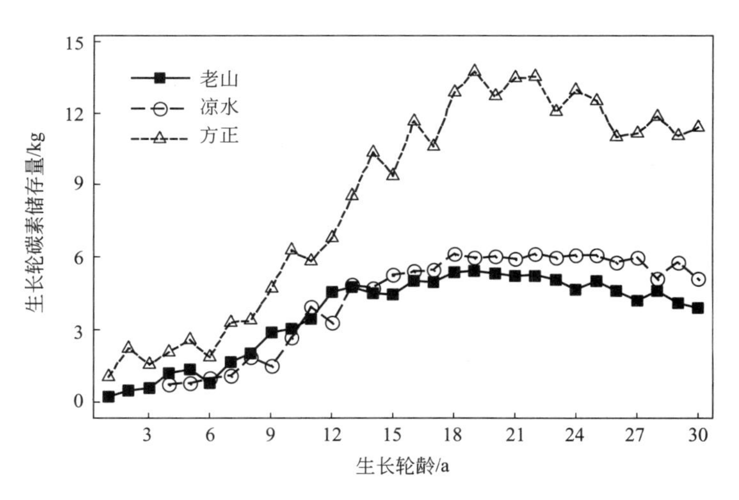

图 4-3 不同地理位置生长轮碳素储存量径向变异

度最大。最后，综合三处林场早晚材碳素储存量及生长轮碳素储存量的变异规律，得出结论，方正林场最适宜培育高碳素储存量的人工林红松，其次是凉水林场，最后是老山生态站。

4.2.3 坡位

以帽儿山试验林场老山生态站的人工林红松为研究对象，分析不同坡向和不同坡度下红松木材的碳素储存量，研究坡向和坡度的不同对木材碳素储存量的影响。

4.2.3.1 坡向

表 4-2 所示的为不同坡向红松木材碳素储存量的统计分析结果。对比阳坡和阴坡的早材碳素储存量，阴坡的平均值高于阳坡，变异系数低于阳坡，说明阴坡的早材碳素储存量高于阳坡，且离散度较小。结合图 4-4，阳坡碳素储存量和阴坡的径向变化规律相似，在 18 年之前，早材碳素储存量逐渐增加，且增加幅度比较大，在 18 年之后均呈逐渐减小的趋势，最后至相对稳定状态。图 4-5 中所示的阳坡早材碳素储存量和阴坡早材碳素储存量的拟合度很高，有极强的相关性，从而说明红松早材碳素储存量的径向变异受坡向的影响不显著。

表 4-2 不同坡向红松木材碳素储存量统计分析

坡向	指标	最大值/kg	最小值/kg	平均值/kg	标准差	变异系数/%
阳坡	生长轮碳素储存量	5.650	0.247	3.717	1.737	46.731
	早材碳素储存量	3.663	0.152	2.380	1.153	48.445
	晚材碳素储存量	2.248	0.095	1.337	0.620	46.372
阴坡	生长轮碳素储存量	5.980	0.694	3.907	1.697	43.435
	早材碳素储存量	3.863	0.410	2.563	1.133	44.206
	晚材碳素储存量	2.117	0.283	1.344	0.589	43.824

对比阳坡和阴坡的晚材碳素储存量，见图 4-5，阳坡和阴坡的平均值相差极小，阴坡略大于阳坡，但都低于早材碳素储存量的平均值，且阳坡晚材碳素储存量的离散度大于阴坡，波动较大。从图 4-6 可以看出，阴坡和阳坡晚材碳素储存量的变化规律相似，晚材碳素储存量自髓心向外至第 20 年呈跳跃性增加，整体的增加幅度较为明显，从第 19 年开始即树木成熟后逐渐减小，最后趋于平稳状态。同时，从图 4-7 中可以看出，阳坡和阴坡的晚材碳素储存量具有极高的拟合度，这说明晚材碳素储存量的变异受坡向的影响不显著。

同理，对比阳坡和阴坡的生长轮碳素储存量，见表 4-2，阳坡和阴

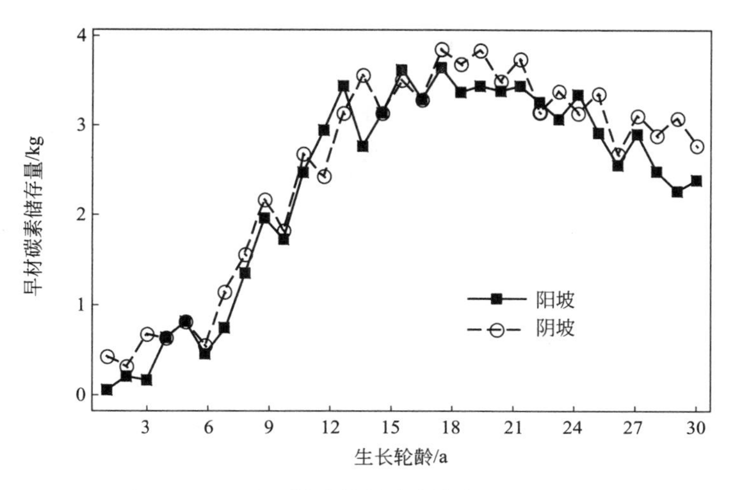

图 4-4 阳坡和阴坡早材碳素储存量径向变异

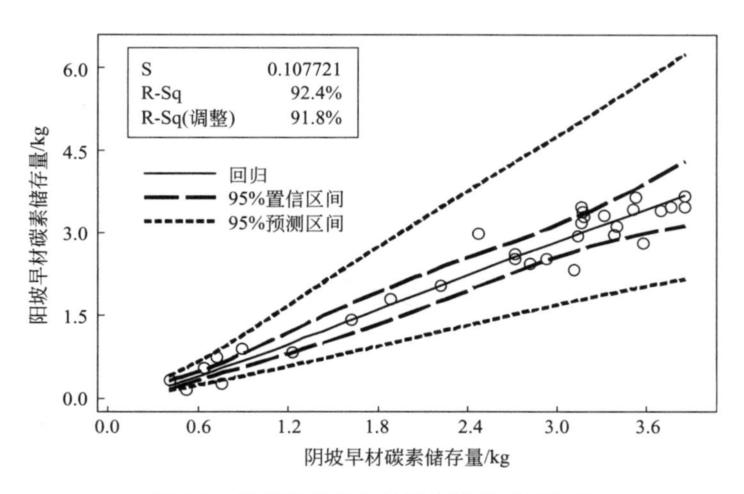

图 4-5 阳坡和阴坡早材碳素储存量拟合图

坡生长轮碳素储存量的平均值相差较小，阴坡大于阳坡，而且，阴坡的变异系数大于阳坡，即阴坡的离散度较阳坡的大；再从图 4-8、图 4-9 可以得出，阳坡和阴坡生长轮碳素储存量的径向变化规律同早材碳素储存量的相似，并具有极高的拟合度，相关性极强，从而说明生长轮碳素储存量的变异受坡向的影响不显著。因此，综合分析后可以得出，阴坡

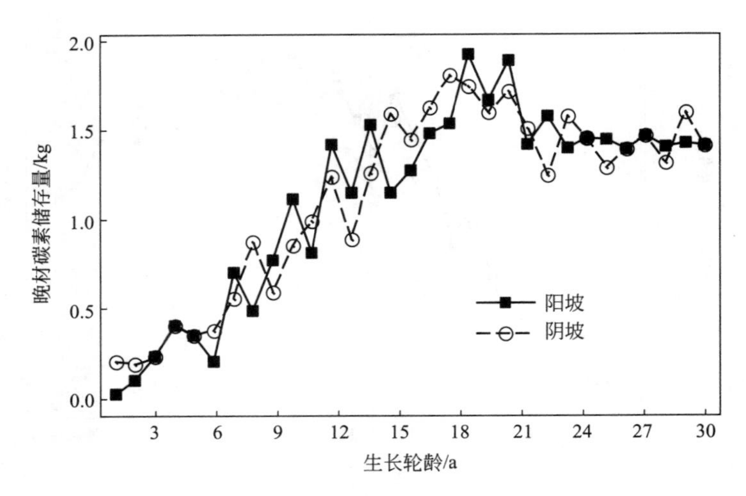

图 4-6　阳坡和阴坡晚材碳素储存量径向变异

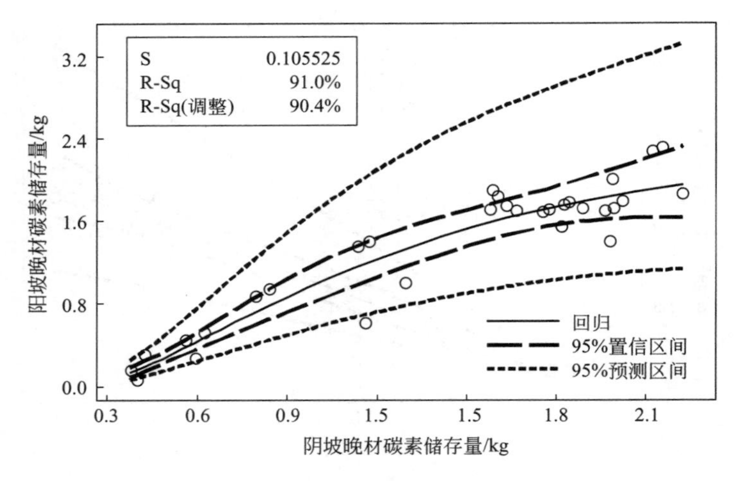

图 4-7　阳坡和阴坡晚材碳素储存量拟合图

处的人工林红松木材的碳素储存效果较好。

4.2.3.2　坡度

表 4-3 所示的为不同坡度红松木材碳素储存量的统计分析结果。对比坡上和坡下的红松早材碳素储存量，坡上的早材碳素储存量平均值与

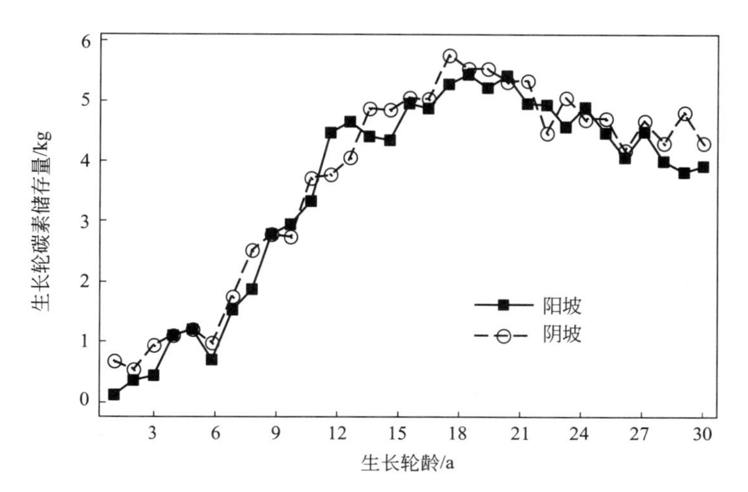

图 4-8 阳坡和阴坡生长轮碳素储存量径向变异

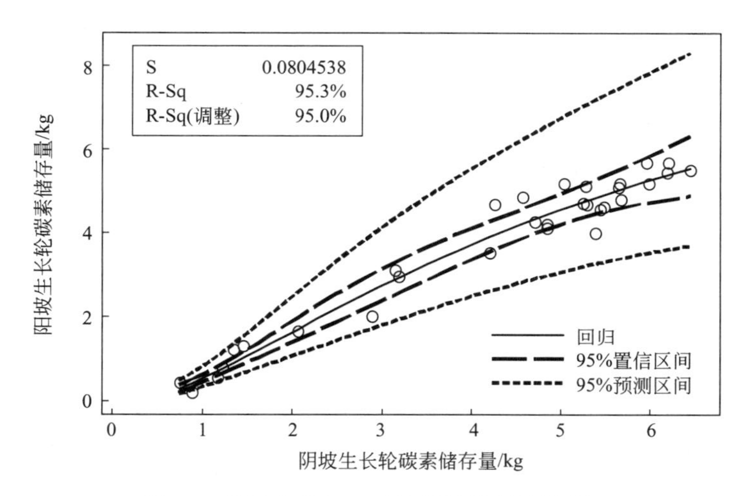

图 4-9 阳坡和阴坡生长轮碳素储存量拟合图

坡下的相近，并且坡上的离散度大于坡下；结合图 4-10、图 4-11 可以看出，二者在 15 年之前的径向变异趋势均逐年递增，在第 18 年左右达到峰值，随后逐年递减至平稳状态；而且，坡上和坡下的早材碳素储存量的拟合度较高，二者具有极强的相关性，这说明坡度对红松早材碳素储存量不具有显著影响。

表 4-3 不同坡度红松木材碳素储存量统计分析

坡向	指标	最大值/kg	最小值/kg	平均值/kg	标准差	变异系数/%
坡上	生长轮碳素储存量	5.440	0.176	3.613	1.722	47.661
	早材碳素储存量	3.613	0.112	2.332	1.148	49.228
	晚材碳素储存量	2.098	0.064	1.281	0.607	47.385
坡下	生长轮碳素储存量	5.378	0.509	3.476	1.603	46.116
	早材碳素储存量	3.708	0.322	2.390	1.142	47.782
	晚材碳素储存量	1.670	0.125	1.086	0.503	46.317

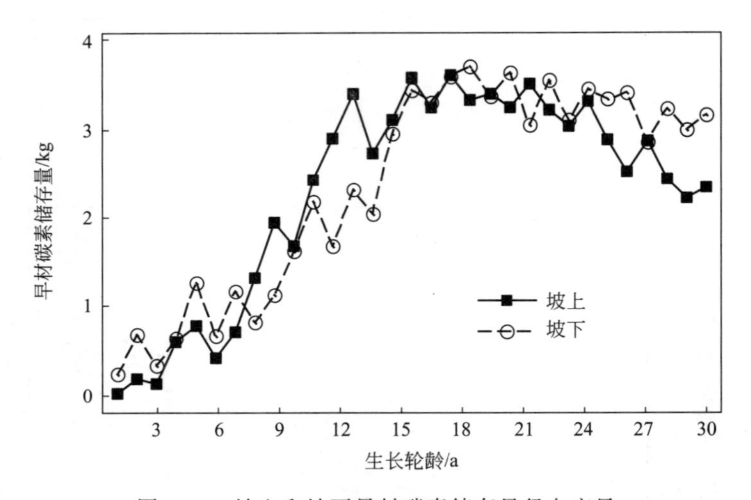

图 4-10 坡上和坡下早材碳素储存量径向变异

对比坡上和坡下的晚材碳素储存量，见表 4-3，坡上晚材碳素储存量的平均值高于坡下，离散度也是坡上大于坡下；结合图 4-12 和图 4-13可以看出，在前 16 年中，坡上和坡下的晚材碳素储存量的径向变异基本一致，自髓心向外逐渐增大，之后逐渐减小至一平稳状态，且坡上的晚材碳素储存量大于坡下；且坡上和坡下的晚材碳素储存量具有较高的拟合度，二者相关性强，这说明坡度对晚材碳素储存量不具有显著的影响。

在表 4-3 中，对比坡上和坡下的生长轮碳素储存量，分析得出，坡上生长轮碳素储存量的平均值同样高于坡下，离散度也大于坡下。

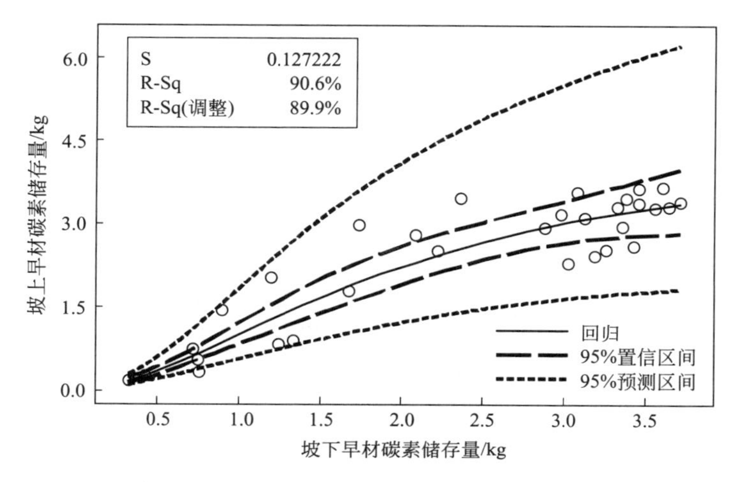

图 4-11 坡上和坡下早材碳素储存量拟合图

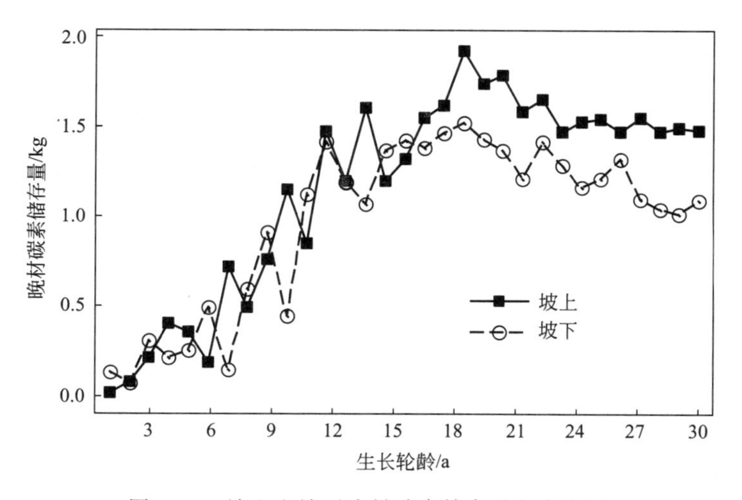

图 4-12 坡上和坡下晚材碳素储存量径向变异

这主要是因为坡上的树木可以接受到更充足的阳光进行光合作用，储存碳素，而且坡上受到人为活动的影响小于坡下。再结合图 4-14、图 4-15，可以看出，坡上和坡下生长轮碳素储存量的变化规律同早材碳素储存量的相似，并具有极高的拟合度，其相关性极强，说明坡度对生长轮碳素储存量的径向变异没有显著性影响。综合分析得出，就人

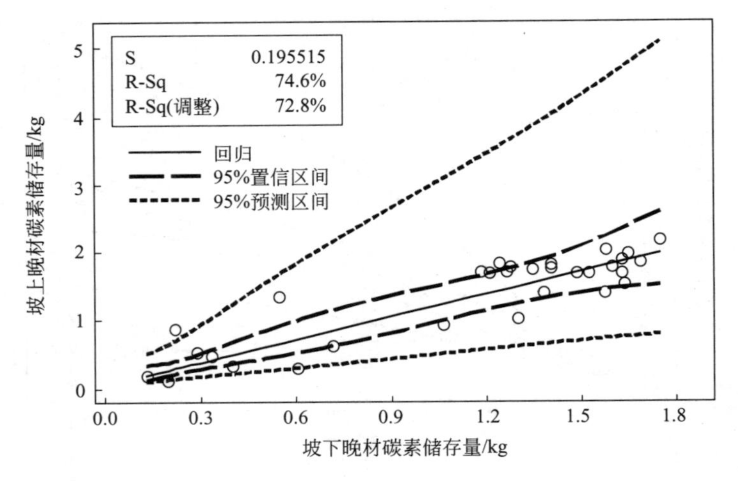

图 4-13 坡上和坡下晚材碳素储存量拟合图

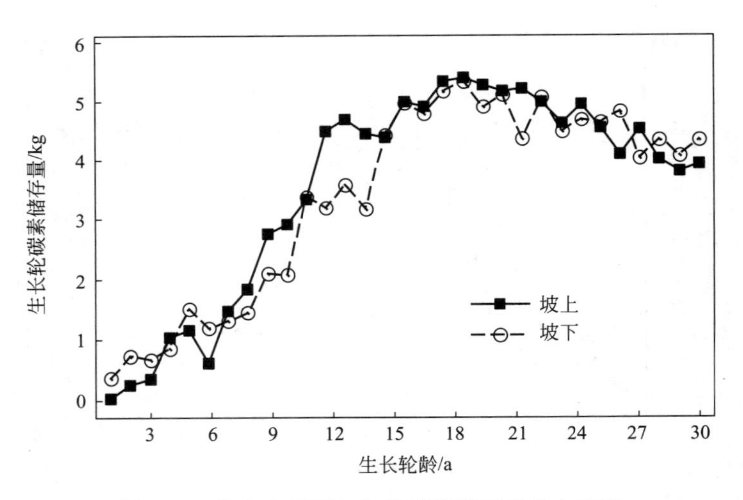

图 4-14 坡上和坡下生长轮碳素储存量径向变异

工林红松木材的碳素储存效果而言，坡上种植的红松碳素储存效果优于坡下。

因此，对于不同坡位下的红松木材碳素储存量，其碳素储存效果是阴坡优于阳坡，坡上优于坡下，从而在培育高碳素储存量的人工林红松时，可以选择既为阴坡又为坡上的立地条件。

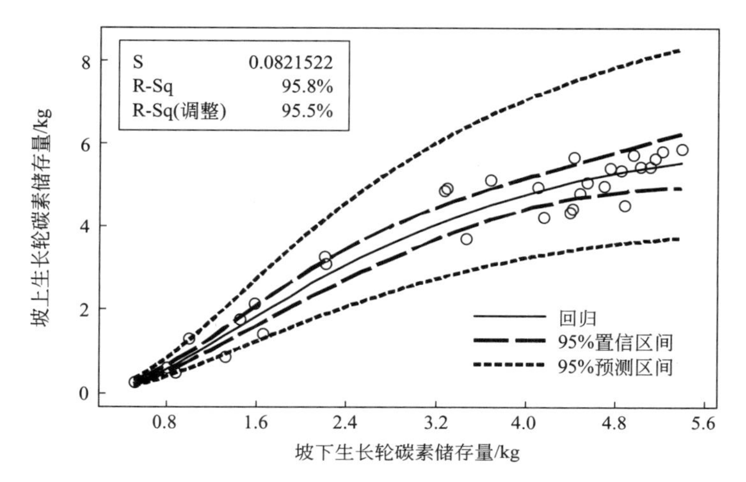

图 4-15 坡上和坡下生长轮碳素储存量拟合图

4.2.4 土壤类型

土壤的立地条件是影响林木生长和发育的主要因素之一。到目前为止，已经有许多学者对不同地区、不同位置土壤的差异性做了较多的研究，而且，对林地的上坡和下坡中土壤的异质性及其对树木生长的影响也有研究[39]。优良的土壤立地条件对造林树种的布局方式及定向培育措施的开展有一定的指导作用。

下面以帽儿山试验林场老山生态站的人工林红松为研究对象，分析不同土壤类型下红松木材的碳素储存量，研究白浆土和白浆化暗棕壤两种土壤类型对红松木材碳素储存量的影响。

不同土壤类型下人工林红松木材碳素储存量的统计分析结果见表4-4。对比不同土壤类型的早材碳素储存量，白浆土的早材碳素储存量的平均值与白浆化暗棕壤的平均值相近，白浆土的略高，且白浆土的离散度也高于白浆化暗棕壤。图4-16可以看出，白浆土和白浆化暗棕壤的早材碳素储存量的径向变异规律相似，均是自髓心向外逐渐增大，在树木成熟后略有降低并渐渐在波动中趋于稳定；但在 14 年之前白浆化暗棕壤的早材碳素储存量高于白浆土，14 年之后的时间里，白浆土高于白浆化暗棕壤。结合图 4-17，白浆土与白浆化暗棕壤的早材碳素储存量的拟合度高，相关性强，二者的相关关系显著，这说明土壤类型对早材碳素储存量的变异性无显著影响。

表 4-4 不同土壤类型人工林红松木材碳素储存量统计分析

土壤类型	指标	最大值/kg	最小值/kg	平均值/kg	标准差	变异系数/%
白浆土	生长轮碳素储存量	5.378	0.509	3.476	1.603	46.116
	早材碳素储存量	3.708	0.322	2.390	1.142	47.782
	晚材碳素储存量	1.670	0.125	1.086	0.503	46.317
白浆化暗棕壤	生长轮碳素储存量	4.972	0.630	3.567	1.422	39.865
	早材碳素储存量	3.196	0.502	2.334	0.888	38.046
	晚材碳素储存量	1.776	0.099	1.233	0.582	47.202

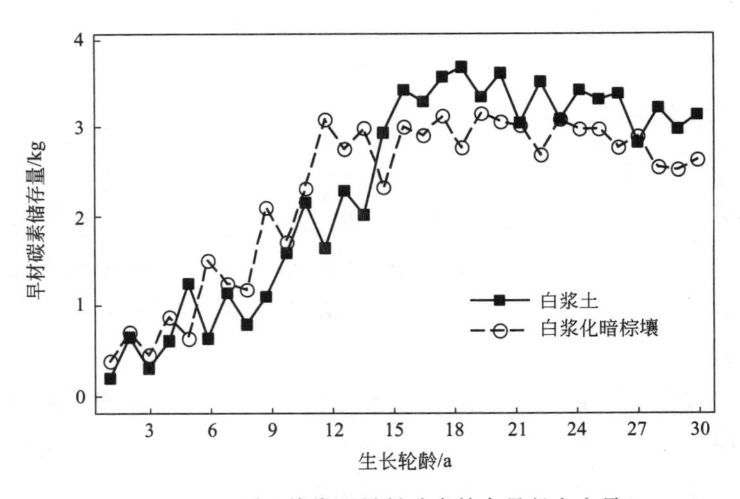

图 4-16 不同土壤类型早材碳素储存量径向变异

对比两种不同土壤类型的晚材碳素储存量，见表 4-4，白浆化暗棕壤的晚材碳素储存量的平均值高于白浆土，其离散度也较白浆土略高。从图 4-18 中可以看出，在前 13 年白浆土和白浆化暗棕壤的晚材碳素储存量的径向变异趋势相近，均是上下波动较大；13 年后，均有递减的趋势，但白浆化暗棕壤的晚材碳素储存量明显高于白浆土。结合图 4-19，白浆土与白浆化暗棕壤的晚材碳素储存量的拟合度较高，相关性较强，二者的相关关系较显著，这说明土壤类型对晚材碳素储存量的变

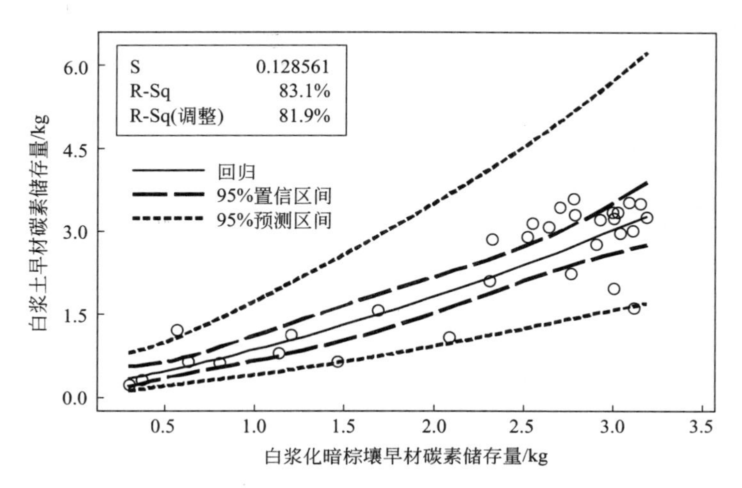

图 4-17 不同土壤类型早材碳素储存量拟合图

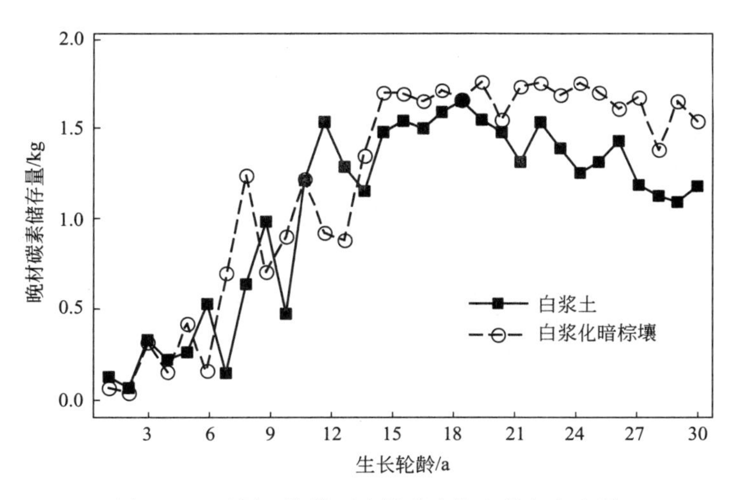

图 4-18 不同土壤类型晚材碳素储存量径向变异

异性无显著性影响。

对比不同土壤类型的生长轮碳素储存量，见表 4-4，白浆化暗棕壤的生长轮碳素储存量的平均值高于白浆土，但离散度低于白浆土，说明白浆土生长轮碳素储存量的离散度较大，上下波动较大。从图 4-20、图 4-21 中可以看出，白浆土和白浆化暗棕壤的生长轮碳素储存量的径向

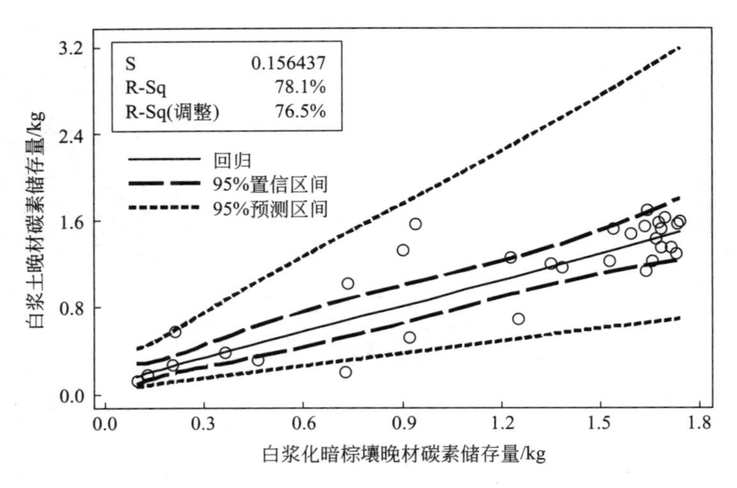

图 4-19 不同土壤类型晚材碳素储存量拟合图

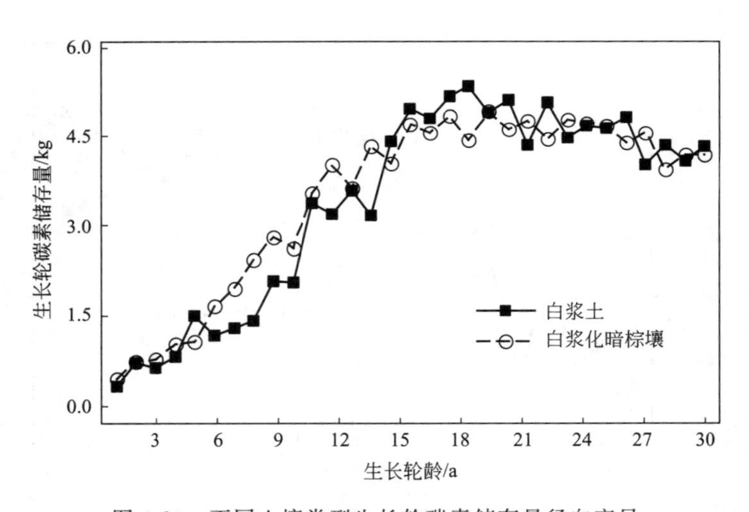

图 4-20 不同土壤类型生长轮碳素储存量径向变异

变异趋势相近，差异性不明显，而且，白浆土与白浆化暗棕壤的生长轮碳素储存量的拟合度很高，相关性极强，二者的相关关系显著，这说明土壤类型对生长轮碳素储存量的变异性没有显著性的影响。

综合考虑白浆土和白浆化暗棕壤的木材碳素储存量可以得出，两种土壤类型均符合人工林红松的生长特性，适宜于培育红松林；分析得

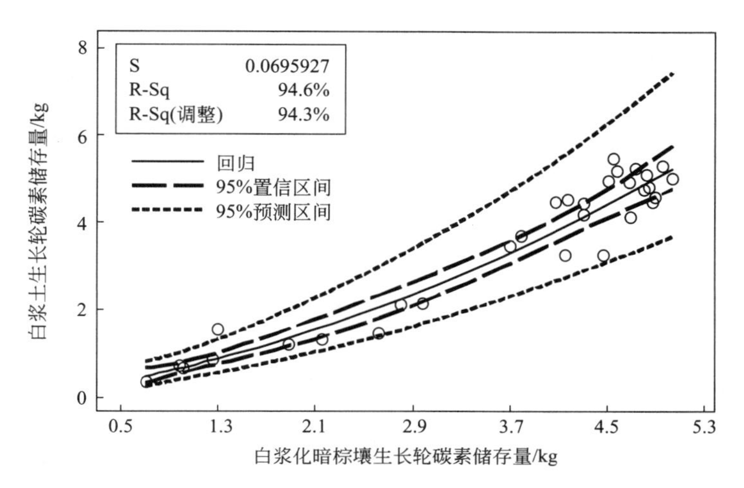

图 4-21 不同土壤类型生长轮碳素储存量拟合图

出，白浆化暗棕壤这种土壤类型的碳素储存效果优于白浆土，它更有助于培育高碳素储存量的人工林红松。

4.3 不同气候条件下的木材碳素储存

气候条件主要包括光照、温度、水分和湿度。气候条件对木材特性的影响主要是由气候环境的差异和突发变化而引起的树木生长过程中所产生的差异，由此导致木材特性产生差异性[40]。而木材是巨大的碳素储存库，气候条件对木材碳素储存量的影响则主要是对树木累积生长量和树干生物量的影响。

本节是以帽儿山试验林场老山生态站和凉水试验林场的人工林红松为研究对象，着重研究了平均气温、平均地温、日照百分率、降水量、相对湿度等气候条件下的红松木材的碳素储存量，分析了气候条件与木材碳素储存量的相关关系。

其中，老山生态站属于温带大陆性季风气候，春季少雨易干旱；夏季短促，较温热，且降雨集中；秋季降温比较迅速，常有冻害现象发生；冬季较漫长，寒冷又干燥；年平均气温约 2.4℃，最高气温约

34℃，最低气温约－40℃；年平均相对湿度约为75%；年平均降水量约635mm。凉水林场的气候特征与老山略有不同，属于大陆性湿润季风气候，春季来得较晚，降雨少又风大；夏季较短促，但湿润；秋季降温较早，还有早霜；冬季较长且干燥、寒冷；年气温变化较大，全年平均气温为1.4℃左右；年平均相对湿度约72%；全年平均降雨量约为581mm。

4.3.1 人工林生长与气候因子的关系

4.3.1.1 生长与光照

日照是植物光合作用的能量来源，也是大气温度、土壤温度的热量来源。日照时间长，能使气温、土温升高较快，为林木生长提供足够的热量。

许多学者研究了光照对红松生长的影响[41~44]。他们都提到光照充足能提高红松生长量，但全光下红松干形低劣，主干分杈，如无高度集约经营措施（如修枝、摘果、灭虫等），很难培育出高干良材，适当庇荫能减少红松再生长、早分杈及推迟结实时间，可获得高干少节良材[45]。

4.3.1.2 生长与温度

红松只有在一定的温度条件下才能顺利生长。李景文等[46]观测结果表明，红松日高生长量一般随气温的提高而增加，特别是在高生长迅速时期（6月上、中旬），气温的高低对生长量有较显著的影响。树高生长最高时期，日气温一般在14～18℃。温度在自然条件下呈周期性变化，而这种周期性变化（如昼夜温差）对红松生长有一定影响。春季的平均气温越高，生长量越大，这是因为春季气温的高低，决定树液开始流动、开始高生长的时间和高生长的速度。教士奇[41]的研究表明。在适宜的平均温度条件下，当昼夜温差为4～15℃时有利于红松生长，温差变动范围在11～14℃时，高生长量最大。当极限温差大于15℃时，其高生长量开始下降；当极限温差大于22℃时，则停止生长。温度影响植物生长的原因是，在一定温度范围内，温度上升，细胞膜透性增强，同时植物蒸腾加快，光合作用率提高，酶的活性增强。因此，温度上升能促进植物细胞分裂和细胞伸长，这样就增加了植物的生长量。

4.3.1.3 生长与水分

水分也是树木生长的必需条件，它是植物原生质的重要组成部分，是光合作用和有机物分解过程的反应物，无机盐和气体是以水为溶剂进入植物体并在植物体内运行的。细胞组织吸水后所表现的紧张状态是细胞分裂、生长、气体交换和利用光能等各种生理活动的必备条件。所以降雨量的多少，直接影响到树木的生长。

李景文等[46]研究红松生长与降雨的关系后指出，降雨量与胸径年生长量相关性不大，只有当年5月至6月份的降雨量和年高生长量有着较大的相关性。因此，为促进红松的生长，在红松高生长旺盛的6月份，保证足够的水分供应具有重要意义。

4.3.1.4 生长与湿度

空气湿度对树木最重要的作用是影响树木的蒸腾速度。湿度越小空气越干燥，植物的蒸腾和土壤的蒸发就越大，伴随着温度升高，增加了呼吸作用，从而削弱了生长。低湿度持续的时间越长，对生长越不利。李景文等研究指出，湿度与红松生长呈正相关，相对湿度较高，生长量较高，这是由于相对湿度较高时，一般气温较低。而相对湿度较低时，生长量减少，这是由于相对湿度较低时，气温较高，造成蒸腾加强引起体内水分失调从而影响生长。相对湿度在一定范围内，不仅受温度影响，还受降雨量的控制。温度升高，湿度减少，降雨量大，温度降低、湿度增加。

综上所述，红松正常生长需要足够的光照，适宜的温、湿条件和降雨，每一个气象因子对生长量都起其各自的作用，这些因子之间又是互相作用、互相制约和互相转化的，它们形成一个气象因子的统一体，日照时数的增加，可引起温度的升高和积温的增加，为生长提供有利条件。同时又可伴随降雨量的减少和湿度的减少，限制生长。而降雨量的增加，又能引起气温的下降，积温的减少，这可导致生长量的下降。

4.3.2 平均气温

老山生态站的人工林红松木材碳素储存量与月平均气温的多元回归模型如下所示。

$$y=-3.6+0.0101x_1+0.0007x_2+0.0087x_3+0.0068x_4+0.0597x_5+0.0068x_6+0.0390x_7-0.0425x_8-0.0051x_9-0.0302x_{10}+0.0165x_{11}-0.0232x_{12}$$

$$y_1=-3.34+0.0075x_1-0.0025x_2+0.0059x_3+0.0042x_4+0.0365x_5+0.0087x_6+0.0232x_7-0.0234x_8-0.0052x_9-0.0204x_{10}+0.0091x_{11}-0.0153x_{12}$$

$$y_2=-0.29+0.0026x_1+0.0033x_2+0.0029x_3+0.0027x_4+0.0232x_5-0.0019x_6+0.0158x_7-0.0191x_8+0.0001x_9-0.0099x_{10}+0.00746x_{11}-0.0079x_{12}$$

凉水林场的人工林红松木材碳素储存量与月平均气温的多元回归模型如下所示。

$$y=-8.3+0.0156x_1-0.0028x_2+0.0101x_3+0.0237x_4+0.0601x_5+0.0313x_6+0.0701x_7-0.0710x_8-0.0260x_9-0.0059x_{10}+0.0197x_{11}-0.0320x_{12}$$

$$y_1=-4.8+0.0071x_1+0.0042x_2+0.0050x_3+0.0198x_4+0.0353x_5+0.0233x_6+0.0530x_7-0.0537x_8-0.0228x_9-0.0012x_{10}+0.0116x_{11}-0.0208x_{12}$$

$$y_2=-3.56+0.0085x_1-0.0069x_2+0.0051x_3+0.0039x_4+0.0248x_5+0.0080x_6+0.0171x_7-0.0173x_8-0.0032x_9-0.0047x_{10}+0.0082x_{11}-0.0112x_{12}$$

上述式中，y 为红松木材生长轮碳素储存量，y_1 为早材碳素储存量，y_2 为晚材碳素储存量，$x_1 \sim x_{12}$ 分别为 1～12 月的平均气温。

从回归模型和人工林红松木材碳素储存量与月平均气温的相关分析结果（表 4-5）可以看出，老山生态站人工林红松木材的生长轮碳素储存量和早材碳素储存量与 5 月的平均气温存在显著性正相关关系，其晚材碳素储存量与5月的平均气温有一定的关系，但是不显著。5月正值春末夏初，树木开始新生长轮的生长，适宜的温度能够促使林木的新陈代谢和光合作用等反应，由此可以得出，在5月里，适当的提高周围环境的温度有利于生长轮碳素储存量和早材碳素储存量的增加，并在一定程度上影响晚材碳素储存量；另外，老山生态站生长轮碳素储存量和早材碳素储存量与12月的平均气温存在显著性负相关关系。

表 4-5 人工林红松木材碳素储存量与月平均气温的相关分析

采样地点	指标	1月	2月	3月	4月	5月	6月
老山	生长轮碳素储存量	0.532	0.962	0.504	0.798	0.042*	0.820
	早材碳素储存量	0.463	−0.793	0.477	0.805	0.048*	0.647
	晚材碳素储存量	0.701	0.608	0.599	0.810	0.065	−0.881
凉水	生长轮碳素储存量	0.616	−0.937	0.656	0.653	0.350	0.578
	早材碳素储存量	0.741	0.864	0.750	0.589	0.427	0.551
	晚材碳素储存量	0.416	−0.556	0.501	0.824	0.049*	0.670
采样地点	指标	7月	8月	9月	10月	11月	12月
老山	生长轮碳素储存量	0.326	−0.263	−0.884	−0.311	0.338	−0.037*
	早材碳素储存量	0.356	−0.327	−0.814	−0.282	0.404	−0.043*
	晚材碳素储存量	0.338	−0.229	0.994	−0.425	0.300	−0.122
凉水	生长轮碳素储存量	0.337	−0.335	−0.690	−0.924	0.511	−0.292
	早材碳素储存量	0.297	−0.286	−0.614	−0.977	0.577	−0.322
	晚材碳素储存量	0.478	−0.465	−0.884	−0.819	0.415	−0.268

注：“*”表示在0.05水平上显著相关。

凉水林场人工林红松木材的晚材碳素储存量与5月的平均气温存在着显著的正相关关系，可以通过适当的升高当月平均气温的方法来提高红松木材的晚材碳素储存量，以优化其碳素储存效果；另外，红松木材的生长轮碳素储存量、早材碳素储存量与月平均气温均没有显著的相关性。

4.3.3 平均地温

老山生态站的人工林红松木材碳素储存量与月平均地温的多元回归模型如下所示。

$$y = -12.5 + 0.014x_1 - 0.029x_2 - 0.061x_3 + 0.323x_4 + 0.276x_5 + 0.104x_6 + 0.338x_7 + 0.089x_8 - 0.271x_9 - 0.224x_{10} - 0.056x_{11} - 0.113x_{12}$$

$$y_1 = -8.23 + 0.0343x_1 - 0.064x_2 - 0.0364x_3 + 0.178x_4 + 0.178x_5 + 0.081x_6 + 0.197x_7 + 0.066x_8 - 0.167x_9 - 0.154x_{10} - 0.034x_{11} - 0.0799x_{12}$$

$$y_2 = -4.25 - 0.0204x_1 + 0.0356x_2 - 0.0242x_3 + 0.145x_4 + 0.098x_5 + 0.0232x_6 + 0.140x_7 + 0.023x_8 - 0.104x_9 - 0.070x_{10} - 0.0221x_{11} - 0.0333x_{12}$$

凉水林场的人工林红松木材碳素储存量与月平均地温的多元回归模型如下所示。

$$y = -32.6 + 0.245x_1 - 0.227x_2 - 0.040x_3 + 0.527x_4 + 0.221x_5 + 0.217x_6 + 0.924x_7 + 0.143x_8 - 0.380x_9 + 0.295x_{10} + 0.094x_{11} - 0.345x_{12}$$

$$y_1 = -22.3 + 0.127x_1 - 0.108x_2 - 0.037x_3 + 0.399x_4 + 0.084x_5 + 0.156x_6 + 0.658x_7 + 0.086x_8 - 0.253x_9 + 0.249x_{10} + 0.031x_{11} - 0.211x_{12}$$

$$y_2 = -10.4 + 0.117x_1 - 0.119x_2 - 0.0024x_3 + 0.128x_4 + 0.137x_5 + 0.061x_6 + 0.266x_7 + 0.057x_8 - 0.127x_9 + 0.045x_{10} + 0.062x_{11} - 0.134x_{12}$$

上述式中，y 为红松木材生长轮碳素储存量，y_1 为早材碳素储存量，y_2 为晚材碳素储存量，$x_1 \sim x_{12}$ 分别为 1～12 月的平均地温。

从回归模型和人工林红松木材碳素储存量与月平均地温的相关分析结果（表 4-6）可以看出，老山生态站红松早材碳素储存量与月平均地温没有显著性的相关关系；生长轮碳素储存量、晚材碳素储存量分别与 4 月、7 月的月平均地温存在显著性的正相关关系。

凉水林场红松碳素储存量与上半年的月平均地温均没有显著性相关关系；但其生长轮碳素储存量、早材碳素储存量与 7 月的月平均地温存在显著性正相关关系，7 月的月平均地温对晚材碳素储存量有一定的影响，但是不显著；而且，生长轮碳素储存量、晚材碳素储存量与 12 月的月平均地温具有显著性的负相关关系。

4.3.4 日照百分率

所谓日照百分率，是指一天中的实际日照时间与可能日照时间（全天无云时所应该有的日照时数）的比率。人工林红松既能够生长在全光

表 4-6 人工林红松木材碳素储存量与月平均地温的相关分析

采样地点	指标	1月	2月	3月	4月	5月	6月
老山	生长轮碳素储存量	0.931	−0.874	−0.623	0.048*	0.335	0.631
	早材碳素储存量	0.735	−0.576	−0.641	0.297	0.325	0.555
	晚材碳素储存量	−0.756	0.632	−0.578	0.040*	0.403	0.794
凉水	生长轮碳素储存量	0.318	−0.387	−0.836	0.203	0.644	0.526
	早材碳素储存量	0.455	−0.553	−0.783	0.171	0.801	0.516
	晚材碳素储存量	0.154	−0.177	−0.970	0.337	0.389	0.585
采样地点	指标	7月	8月	9月	10月	11月	12月
老山	生长轮碳素储存量	0.038*	0.781	−0.412	−0.511	−0.759	−0.453
	早材碳素储存量	0.270	0.746	−0.424	−0.476	−0.770	−0.404
	晚材碳素储存量	0.031*	0.859	−0.442	−0.616	−0.767	−0.589
凉水	生长轮碳素储存量	0.043*	0.752	−0.462	0.564	0.768	−0.047*
	早材碳素储存量	0.036*	0.786	−0.484	0.487	0.885	−0.254
	晚材碳素储存量	0.070	0.700	−0.455	0.785	0.552	−0.031*

注：“*”表示在0.05水平上显著相关。

裸露的林地上，也能够存在于树冠下的遮阴处，但在全光裸露的林地上，往往会得到更大的生长量。而且，随着树龄的增加，树木在生长过程中对光的需求量不断增加，所以，日照百分率对人工林红松的生长发育有着重要的影响[47]。所以，日照百分率对红松的生长发育同样具有重要影响，与木材的碳素储存能力必然存在一定的关联性。

老山生态站的人工林红松木材碳素储存量与日照百分率的多元回归模型如下所示。

$$y=5.1+0.0493x_1-0.0766x_2+0.0408x_3+0.0036x_4+0.0347x_5-0.0066x_6-0.0434x_7+0.0018x_8+0.0556x_9+0.0189x_{10}-0.0014x_{11}-0.113x_{12}$$

$$y_1=4.40+0.0210x_1-0.0498x_2+0.0281x_3+0.0062x_4+0.0200x_5-0.0002x_6-0.0364x_7-0.0068x_8+0.0415x_9+0.0033x_{10}-0.0016x_{11}-$$

$0.0676x_{12}$

$y_2=0.75+0.0283x_1-0.0267x_2+0.0128x_3-0.0026x_4+0.0147x_5-0.0064x_6-0.0070x_7+0.0086x_8+0.0141x_9+0.0155x_{10}+0.0001x_{11}-0.0452x_{12}$

凉水林场的人工林红松木材碳素储存量与日照百分率的多元回归模型如下所示。

$y=13.7-0.0478x_1-0.194x_2+0.0485x_3+0.0807x_4+0.0278x_5-0.0381x_6-0.011x_7+0.0001x_8+0.0753x_9-0.0170x_{10}+0.0006x_{11}-0.074x_{12}$

$y_1=10.6-0.0344x_1-0.139x_2+0.0196x_3+0.0554x_4+0.0123x_5-0.0240x_6+0.0031x_7+0.0054x_8+0.0471x_9-0.0114x_{10}-0.0031x_{11}-0.0498x_{12}$

$y_2=3.08-0.0134x_1-0.0558x_2+0.0290x_3+0.0253x_4+0.0155x_5-0.0142x_6-0.0138x_7-0.0053x_8+0.0282x_9-0.0056x_{10}+0.0037x_{11}-0.0242x_{12}$

上述式中，y 为红松木材生长轮碳素储存量，y_1 为早材碳素储存量，y_2 为晚材碳素储存量，$x_1 \sim x_{12}$ 分别为 1～12 月的日照百分率。

从回归模型和人工林红松木材碳素储存量与日照百分率的相关分析结果（表 4-7）可以看出，老山生态站红松木材的碳素储存量与上半年的日照百分率没有显著性相关关系；其生长轮碳素储存量与 12 月日照百分率存在显著性的负相关关系，早材碳素储存量与 12 月日照百分率存在显著性负相关关系；12 月正处于冬季的初期，由于气温较低，树木进行新陈代谢及光合作用的酶等的活性减弱，如果适当增加日照百分率反而不利于生长轮碳素储存量和早材碳素储存量的增加。

凉水林场人工林红松木材的生长轮碳素储存量、早材碳素储存量与 2 月的日照百分率具有显著性负相关关系，此时正处于冬季末期，日照百分率的增加有利于树木进行光合作用，但新一轮的生长轮还没有开始生长，此时的光合作用和新陈代谢等生物活动所消耗的正是之前积累的有机物，日照百分率的增加并不利于碳素储存量的增加；晚材碳素储存量与下半年的日照百分率没有显著性的相关关系。

表 4-7　人工林红松木材碳素储存量与日照百分率的相关分析

采样地点	指标	1月	2月	3月	4月	5月	6月
老山	生长轮碳素储存量	0.451	−0.163	0.554	0.953	0.591	−0.886
	早材碳素储存量	0.605	−0.148	0.516	0.869	0.619	−0.995
	晚材碳素储存量	0.292	−0.227	0.648	−0.914	0.576	−0.733
凉水	生长轮碳素储存量	−0.620	−0.045*	0.601	0.398	0.785	−0.585
	早材碳素储存量	−0.584	−0.031*	0.745	0.374	0.852	−0.597
	晚材碳素储存量	−0.712	−0.115	0.413	0.481	0.687	−0.591
采样地点	指标	7月	8月	9月	10月	11月	12月
老山	生长轮碳素储存量	−0.533	0.968	0.196	0.730	−0.974	−0.007**
	早材碳素储存量	−0.405	−0.808	0.127	0.922	−0.951	−0.047*
	晚材碳素储存量	−0.803	0.637	0.412	0.487	0.994	−0.098
凉水	生长轮碳素储存量	−0.923	0.998	0.243	−0.828	0.994	−0.531
	早材碳素储存量	0.961	0.903	0.260	−0.822	−0.951	−0.517
	晚材碳素储存量	−0.742	−0.846	0.247	−0.850	0.899	−0.586

注："*"表示在0.05水平上显著相关；"**"表示在0.01水平上显著相关。

4.3.5　相对湿度

老山生态站的人工林红松木材碳素储存量与相对湿度的多元回归模型如下所示。

$$y=24.6-0.161x_1+0.050x_2-0.0068x_3-0.0432x_4-0.0455x_5+0.0278x_6-0.0828x_7+0.096x_8-0.120x_9-0.137x_{10}+0.146x_{11}-0.020x_{12}$$

$$y_1=15.1-0.108x_1+0.0554x_2-0.0064x_3-0.0223x_4-0.0416x_5+0.0040x_6-0.0504x_7+0.0662x_8-0.0816x_9-0.0899x_{10}+0.0893x_{11}+0.0034x_{12}$$

$$y_2=9.54-0.0531x_1-0.0053x_2-0.0004x_3-0.0209x_4-0.0039x_5+0.0238x_6-0.0325x_7+0.0295x_8-0.0387x_9-0.0467x_{10}+0.0567x_{11}-0.0234x_{12}$$

凉水林场的人工林红松木材碳素储存量与相对湿度的多元回归模型

如下所示。

$$y=44.2-0.386x_1+0.101x_2+0.140x_3-0.0885x_4-0.0667x_5+0.0230x_6-0.317x_7+0.069x_8-0.095x_9-0.292x_{10}+0.251x_{11}+0.134x_{12}$$

$$y_1=31.1-0.278x_1+0.0675x_2+0.112x_3-0.0586x_4-0.0328x_5+0.0155x_6-0.219x_7+0.028x_8-0.0680x_9-0.186x_{10}+0.165x_{11}+0.0902x_{12}$$

$$y_2=13.2-0.109x_1+0.0339x_2+0.0279x_3-0.0299x_4-0.0339x_5+0.0075x_6-0.0986x_7+0.0409x_8-0.0266x_9-0.106x_{10}+0.0862x_{11}+0.0440x_{12}$$

上述式中，y 为红松木材生长轮碳素储存量，y_1 为早材碳素储存量，y_2 为晚材碳素储存量，x_1～x_{12} 分别为 1～12 月的相对湿度。

从模型和人工林红松木材碳素储存量与相对湿度的相关分析结果（表 4-8）可以看出，老山生态站人工林红松的生长轮碳素储存量与 11 月的相对湿度具有显著性正相关关系，同时 11 月的相对湿度对早材碳素储存量和晚材碳素储存量也有一定的影响，但没有显著性；早材碳素储存量与 5 月和 9 月的相对湿度呈显著性负相关关系，10 月的相对湿度在一定程度上影响着早材碳素储存量，但是不显著。

表 4-8 人工林红松木材碳素储存量与相对湿度的相关分析

采样地点	指标	1 月	2 月	3 月	4 月	5 月	6 月
老山	生长轮碳素储存量	−0.233	0.671	−0.932	−0.417	−0.406	0.681
	早材碳素储存量	−0.195	0.446	−0.895	−0.494	−0.042*	0.923
	晚材碳素储存量	−0.343	−0.915	−0.983	−0.351	−0.863	0.406
凉水	生长轮碳素储存量	−0.049*	0.402	0.181	−0.214	−0.461	0.790
	早材碳素储存量	−0.041*	0.417	0.125	−0.232	−0.597	0.795
	晚材碳素储存量	−0.113	0.435	0.449	−0.243	−0.303	0.809
采样地点	指标	7 月	8 月	9 月	10 月	11 月	12 月
老山	生长轮碳素储存量	−0.359	0.511	−0.178	−0.115	0.044*	−0.851
	早材碳素储存量	−0.363	0.460	−0.037*	−0.093	0.063	0.958
	晚材碳素储存量	−0.390	0.628	−0.295	−0.193	0.084	−0.601
凉水	生长轮碳素储存量	−0.047*	0.709	−0.394	−0.045*	0.008**	0.338
	早材碳素储存量	−0.042*	0.824	−0.375	−0.061	0.031*	0.350
	晚材碳素储存量	−0.081	0.543	−0.503	−0.041*	0.017*	0.381

注：“*”表示在 0.05 水平上显著相关；“**”表示在 0.01 水平上显著相关。

凉水林场人工林红松生长轮碳素储存量、早材碳素储存量分别与1月、7月的相对湿度具有显著性负相关关系；生长轮碳素储存量、晚材碳素储存量分别与10月的相对湿度存在显著性的负相关关系，且10月的相对湿度对早材碳素储存量也有一定程度的影响，但是不显著；生长轮碳素储存量与11月的相对湿度存在高度显著的正相关关系，早材和晚材碳素储存量与11月的相对湿度存在着显著性正相关关系。

4.3.6 降水量

老山生态站的人工林红松木材碳素储存量与降水量的多元回归模型如下所示。

$$y=5.43-0.0238x_1-0.0011x_2-0.0006x_3+0.0013x_4-0.0003x_5-0.0002x_6-0.00008x_7-0.00038x_8-0.00049x_9+0.00078x_{10}+0.0035x_{11}-0.0032x_{12}$$

$$y_1=3.97-0.0134x_1-0.00054x_2-0.00021x_3+0.00041x_4-0.0004x_5-0.0002x_6-0.00005x_7-0.00026x_8-0.00052x_9+0.00048x_{10}+0.00199x_{11}-0.00196x_{12}$$

$$y_2=1.46-0.0104x_1-0.00056x_2-0.00042x_3+0.00092x_4+0.00013x_5-0.000005x_6-0.000028x_7-0.000108x_8+0.000023x_9+0.000289x_{10}+0.00147x_{11}-0.00125x_{12}$$

凉水林场的人工林红松木材碳素储存量与降水量的多元回归模型如下所示。

$$y=6.49-0.0253x_1+0.0120x_2-0.00262x_3-0.00008x_4-0.00015x_5-0.000470x_6+0.000022x_7-0.000735x_8-0.00102x_9+0.00209x_{10}+0.00039x_{11}+0.00343x_{12}$$

$$y_1=3.75-0.0190x_1+0.0092x_2-0.0013x_3+0.0006x_4-0.00006x_5-0.00032x_6+0.000132x_7-0.000512x_8-0.00046x_9+0.00144x_{10}+0.00008x_{11}+0.00339x_{12}$$

$y_2=2.74-0.0063x_1+0.00284x_2-0.00136x_3-0.00069x_4-0.00009x_5-0.00015x_6-0.00011x_7-0.00023x_8-0.00056x_9+0.00065x_{10}+0.00031x_{11}+0.00005x_{12}$

上述式中，y 为红松木材生长轮碳素储存量，y_1 为早材碳素储存量，y_2 为晚材碳素储存量，$x_1 \sim x_{12}$ 分别为 1～12 月的降水量。

从回归模型和人工林红松木材碳素储存量与降水量的相关分析结果（表 4-9）可以看出，老山生态站人工林红松的生长轮碳素储存量、早材碳素储存量和晚材碳素储存量分别与 1 月的降水量都具有显著的负相关关系；同时，晚材碳素储存量还与 4 月的降水量具有显著性正相关关系。除此之外，老山生态站红松的碳素储存量与其他月份的降水量均没有显著性的相关关系。

表 4-9　人工林红松木材碳素储存量与降水量的相关分析

采样地点	指标	1 月	2 月	3 月	4 月	5 月	6 月
老山	生长轮碳素储存量	−0.003**	−0.865	−0.832	0.409	−0.824	−0.679
	早材碳素储存量	−0.007**	−0.896	−0.912	0.686	−0.613	−0.526
	晚材碳素储存量	−0.002**	−0.833	−0.731	0.047*	0.807	−0.981
凉水	生长轮碳素储存量	−0.049*	0.404	−0.613	−0.974	−0.941	−0.644
	早材碳素储存量	−0.034*	0.342	−0.715	0.706	−0.964	−0.639
	晚材碳素储存量	0.172	0.587	0.476	0.442	0.906	0.685
采样地点	**指标**	**7 月**	**8 月**	**9 月**	**10 月**	**11 月**	**12 月**
老山	生长轮碳素储存量	−0.839	−0.250	−0.594	0.606	0.250	−0.647
	早材碳素储存量	−0.831	−0.197	−0.385	0.610	0.297	−0.556
	晚材碳素储存量	−0.863	−0.426	0.953	0.641	0.236	−0.665
凉水	生长轮碳素储存量	0.973	−0.209	−0.516	0.371	0.933	0.731
	早材碳素储存量	0.767	−0.191	−0.659	0.356	0.979	0.615
	晚材碳素储存量	0.651	0.293	0.335	0.446	0.856	0.990

注：“*”表示在 0.05 水平上显著相关；“**”表示在 0.01 水平上显著相关。

凉水林场人工林红松的生长轮碳素储存量、早材碳素储存量分别与 1 月的降水量具有显著性的负相关关系，与其他月份的降水量均无显著性相关关系；晚材碳素储存量与 1～12 月的降水量均没有显著性的相关关系。

4.3.7 气候因子交互影响

4.3.7.1 老山生态站

老山生态站的人工林红松木材碳素储存量与平均气温、平均地温、日照百分率、降水量、相对湿度5个气象因子交互影响的多元回归模型如下所示。

$$y^1=13.0+0.0270x_1-0.2220x_2-0.0476x_3-0.0217x_4-0.0617x_5$$

$$y_1^1=8.25+0.0152x_1-0.1220x_2-0.0390x_3-0.0134x_4-0.0307x_5$$

$$y_2^1=4.78+0.0118x_1-0.0998x_2-0.0086x_3-0.0083x_4-0.0309x_5$$

$$y^2=15.6+0.0105x_1-0.3410x_2-0.1250x_3-0.00802x_4-0.1040x_5$$

$$y_1^2=8.73+0.0074x_1-0.241x_2-0.0809x_3-0.00618x_4-0.0504x_5$$

$$y_2^2=6.91+0.0031x_1-0.100x_2-0.0440x_3-0.00184x_4-0.0539x_5$$

$$y^3=3.37+0.0491x_1-0.336x_2+0.0376x_3-0.00194x_4-0.0138x_5$$

$$y_1^3=1.66+0.0253x_1-0.160x_2+0.0224x_3-0.00121x_4+0.0001x_5$$

$$y_2^3=1.70+0.0237x_1-0.176x_2+0.0152x_3-0.00073x_4-0.0139x_5$$

$$y^4=5.270-0.101x_1+1.430x_2-0.0633x_3+0.00283x_4-0.0393x_5$$

$$y_1^4=4.11-0.0641x_1+0.867x_2-0.0453x_3+0.00129x_4-0.0246x_5$$

$$y_2^4=1.17-0.0370x_1+0.563x_2-0.0179x_3+0.00154x_4-0.0147x_5$$

$$y^5=7.660+0.0246x_1+0.300x_2-0.110x_3+0.00069x_4-0.0915x_5$$

$$y_1^5=6.43+0.0162x_1+0.159x_2-0.0716x_3+0.00044x_4-0.0748x_5$$

$$y_2^5=1.22+0.0084x_1+0.140x_2-0.0386x_3+0.00026x_4-0.0168x_5$$

$$y^6=1.90-0.0467x_1+0.399x_2-0.0054x_3-0.00045x_4+0.0330x_5$$

$$y_1^6=2.33-0.0268x_1+0.221x_2-0.0039x_3-0.00037x_4+0.0103x_5$$

$$y_2^6=-0.47-0.0199x_1+0.177x_2-0.0015x_3-0.00008x_4+0.0226x_5$$

$$y^7=-0.40-0.0388x_1+0.761x_2-0.0863x_3-0.000024x_4-0.0240x_5$$

$$y_1^7=1.99-0.0222x_1+0.459x_2-0.0622x_3+0.000077x_4-0.0377x_5$$

$$y_2^7=-2.37-0.0166x_1+0.302x_2-0.0241x_3-0.000101x_4+0.014x_5$$

$$y^8=21.1-0.0484x_1+0.321x_2-0.0664x_3-0.000395x_4-0.1320x_5$$

$$y_1^8=12.2-0.0220x_1+0.124x_2-0.0509x_3-0.000443x_4-0.059x_5$$

$$y_2^8=8.87-0.0264x_1+0.197x_2-0.0155x_3+0.000048x_4-0.072x_5$$

$$y^9=27.1+0.0016x_1-0.185x_2-0.0720x_3-0.00110x_4-0.2030x_5$$

$$y_1^9=15.3-0.0081x_1-0.038x_2-0.0396x_3-0.000832x_4-0.107x_5$$

$$y_2^9=11.8+0.0097x_1-0.147x_2-0.0324x_3-0.000273x_4-0.097x_5$$

$$y^{10}=19.0+0.125x_1-1.450x_2+0.0273x_3+0.003090x_4-0.224x_5$$

$$y_1^{10}=13.9+0.0749x_1-0.900x_2-0.0014x_3+0.00141x_4-0.148x_5$$

$$y_2^{10}=5.11+0.0501x_1-0.552x_2+0.0288x_3+0.00167x_4-0.076x_5$$

$$y^{11}=3.50+0.0616x_1-0.559x_2-0.0344x_3-0.00266x_4+0.0416x_5$$

$$y_1^{11}=3.58+0.0376x_1-0.347x_2-0.0264x_3-0.00132x_4+0.0111x_5$$

$$y_2^{11}=-0.09+0.0240x_1-0.212x_2-0.008x_3-0.00135x_4+0.0305x_5$$

$$y^{12}=10.80-0.0468x_1+0.304x_2-0.0985x_3-0.00671x_4-0.0506x_5$$

$$y_1^{12}=6.96-0.0304x_1+0.194x_2-0.0595x_3-0.00391x_4-0.0357x_5$$

$$y_2^{12}=3.85-0.0165x_1+0.109x_2-0.0390x_3-0.00280x_4-0.0148x_5$$

上述式中，y 是代表红松木材的生长轮碳素储存量；y_1 是代表早材碳素储存量；y_2 是代表晚材碳素储存量；y 的上标 1～12 分别代表 1～12 月；x_1为平均气温；x_2为平均地温；x_3为日照百分率；x_4为降水量；x_5为相对湿度。

从表 4-10 可以看出，生长轮碳素储存量、早材和晚材碳素储存量分别与 1 月的降水量具有显著的负相关关系；2 月的日照百分率与碳素储存量均具有显著性的负相关关系，相对湿度对晚材碳素储存量有显著性负相关影响；3 月、6 月、7 月和 8 月的五种气象因子与碳素储存量均无显著性相关关系；4 月的平均气温与碳素储存量均具有显著性负相关关系，平均地温与碳素储存量均具有显著的正相关关系，降水量与晚材碳素储存量具有显著性的正相关关系；5 月的日照百分率和相对湿度均对早材碳素储存量有一定程度的影响，但是不显著；9 月的相对湿度与生长轮碳素储存量、晚材碳素储存量均具有显著性的负相关关系；10 月的平均气温对生长轮碳素储存量和早材碳素储存量有影响而不显著，并与晚材碳素储存量呈显著性正相关关系，平均地温与碳素储存量均具有显著性的负相关关系，降水量与生长轮碳素储存量有显著性正相关关系，而与晚材碳素储存量有显著的正相关关系，相对湿度与生长轮碳素储存量、早材碳素储存量均具有显著的负相关关系，而与晚材碳素储存量具有显著性负相关关系；11月的平均气温和平均地温均对碳素储存量有一定程度的影响，但并不显著；12月的日照百分率与碳素储存量均呈显著性的负相关关系。

表 4-10　老山生态站人工林红松木材碳素储存量与气象因子交互影响的相关分析

月份	指标	平均气温	平均地温	日照百分率	降水量	相对湿度
1月	生长轮碳素储存量	0.336	−0.345	−0.279	−0.002**	−0.314
	早材碳素储存量	0.406	−0.424	−0.177	−0.003**	−0.440
	晚材碳素储存量	0.295	−0.289	−0.623	−0.003**	−0.210
2月	生长轮碳素储存量	0.717	−0.316	−0.017*	−0.185	−0.142
	早材碳素储存量	0.682	−0.255	−0.013*	−0.104	−0.248
	晚材碳素储存量	0.793	−0.473	−0.038*	−0.452	−0.048*
3月	生长轮碳素储存量	0.287	−0.382	0.574	−0.561	−0.852
	早材碳素储存量	0.390	−0.516	0.602	−0.584	0.996
	晚材碳素储存量	0.191	−0.245	0.561	−0.590	−0.632
4月	生长轮碳素储存量	−0.035*	0.001**	−0.290	0.102	−0.412
	早材碳素储存量	−0.047*	0.004**	−0.263	0.260	−0.446
	晚材碳素储存量	−0.044*	0.001**	−0.432	0.024*	−0.423
5月	生长轮碳素储存量	0.626	0.449	−0.112	0.652	−0.205
	早材碳素储存量	0.605	0.515	−0.097	0.649	−0.099
	晚材碳素储存量	0.690	0.396	−0.177	0.685	−0.571
6月	生长轮碳素储存量	−0.227	0.246	−0.939	−0.477	0.751
	早材碳素储存量	−0.270	0.306	−0.929	−0.358	0.875
	晚材碳素储存量	−0.192	0.201	−0.959	−0.748	0.588
7月	生长轮碳素储存量	−0.595	0.197	−0.239	−0.965	−0.846
	早材碳素储存量	−0.631	0.218	−0.182	0.819	−0.626
	晚材碳素储存量	−0.570	0.202	−0.409	−0.639	0.775
8月	生长轮碳素储存量	−0.398	0.472	−0.249	−0.474	−0.500
	早材碳素储存量	−0.530	0.651	−0.154	−0.199	−0.621
	晚材碳素储存量	−0.264	0.286	−0.508	0.833	−0.369
9月	生长轮碳素储存量	0.982	−0.782	−0.131	−0.304	−0.047*
	早材碳素储存量	−0.850	−0.928	−0.184	−0.220	−0.154
	晚材碳素储存量	0.730	−0.593	−0.099	−0.533	−0.042*

续表

月份	指标	平均气温	平均地温	日照百分率	降水量	相对湿度
10月	生长轮碳素储存量	0.052	−0.031*	0.574	0.048*	−0.005**
	早材碳素储存量	0.071	−0.039*	−0.964	0.156	−0.004**
	晚材碳素储存量	0.049*	−0.037*	0.144	0.009**	−0.014*
11月	生长轮碳素储存量	0.072	−0.077	−0.378	−0.479	0.618
	早材碳素储存量	0.081	−0.078	−0.285	−0.577	0.832
	晚材碳素储存量	0.083	−0.097	−0.612	−0.381	0.369
12月	生长轮碳素储存量	−0.155	0.294	−0.041*	−0.379	−0.570
	早材碳素储存量	−0.147	0.289	−0.049*	−0.418	−0.527
	晚材碳素储存量	−0.222	0.359	−0.047*	−0.374	−0.686

注："*"表示在0.05水平上显著相关；"**"表示在0.01水平上显著相关。

4.3.7.2 凉水林场

凉水林场的人工林红松木材碳素储存量与平均气温、平均地温、日照百分率、降水量、相对湿度5个气象因子交互影响的多元回归模型如下所示。

$$y^1=13.4-0.0127x_1+0.145x_2-0.0637x_3-0.0308x_4-0.0425x_5$$

$$y_1^1=9.26-0.0051x_1+0.053x_2-0.0446x_3-0.0219x_4-0.0320x_5$$

$$y_2^1=4.14-0.0076x_1+0.092x_2-0.0191x_3-0.00889x_4-0.0105x_5$$

$$y^2=25.7-0.0165x_1-0.233x_2-0.2330x_3-0.00648x_4-0.1790x_5$$

$$y_1^2=18.9-0.0102x_1-0.143x_2-0.1690x_3-0.00405x_4-0.1250x_5$$

$$y_2^2=6.84-0.0063x_1-0.090x_2-0.0640x_3-0.00243x_4-0.0540x_5$$

$$y^3=-0.09-0.0037x_1+0.186x_2+0.0286x_3-0.00587x_4+0.063x_5$$

$$y_1^3=1.05-0.0034x_1+0.111x_2+0.0056x_3-0.00339x_4+0.0370x_5$$

$$y_2^3=-1.14-0.0003x_1+0.075x_2+0.0230x_3-0.0025x_4+0.0257x_5$$

$$y^4=2.79-0.1600x_1+1.920x_2-0.0400x_3+0.00278x_4-0.0100x_5$$

$$y_1^4=0.28-0.115x_1+1.370x_2-0.0108x_3+0.00256x_4+0.0002x_5$$

$$y_2^4=2.51-0.0448x_1+0.549x_2-0.0292x_3+0.0002x_4-0.0103x_5$$

$$y^5=7.10+0.0636x_1-0.1060x_2-0.066x_3+0.00230x_4-0.1130x_5$$

$y_1^5=4.28+0.0433x_1-0.111x_2-0.0371x_3+0.0016x_4-0.0653x_5$

$y_2^5=2.85+0.0203x_1+0.004x_2-0.0286x_3+0.00068x_4-0.0478x_5$

$y^6=-7.20-0.0048x_1+0.390x_2-0.0778x_3-0.00183x_4+0.1370x_5$

$y_1^6=-4.9+0.0005x_1+0.252x_2-0.0575x_3-0.00125x_4+0.0923x_5$

$y_2^6=-2.3-0.0053x_1+0.139x_2-0.0203x_3-0.000574x_4+0.0449x_5$

$y^7=-1.8-0.0713x_1+1.030x_2-0.0450x_3+0.000039x_4-0.0180x_5$

$y_1^7=-2.6-0.0475x_1+0.740x_2-0.0242x_3+0.000135x_4-0.016x_5$

$y_2^7=0.76-0.0239x_1+0.289x_2-0.0208x_3-0.000097x_4-0.0018x_5$

$y^8=7.30+0.0019x_1-0.2580x_2-0.0204x_3-0.00146x_4+0.0660x_5$

$y_1^8=6.80-0.0104x_1-0.097x_2-0.0140x_3-0.000915x_4+0.0290x_5$

$y_2^8=0.49+0.0123x_1-0.160x_2-0.0064x_3-0.000548x_4+0.0369x_5$

$y^9=35.6-0.037x_1+0.010x_2-0.0506x_3+0.00089x_4-0.3090x_5$

$y_1^9=25.2-0.0309x_1+0.082x_2-0.0376x_3+0.00078x_4-0.226x_5$

$y_2^9=10.4-0.0062x_1-0.070x_2-0.0130x_3+0.0001x_4-0.0832x_5$

$y^{10}=26.3+0.153x_1-1.620x_2-0.0180x_3+0.00378x_4-0.288x_5$

$y_1^{10}=18.3+0.0908x_1-0.965x_2-0.0242x_3+0.0023x_4-0.191x_5$

$y_2^{10}=8.01+0.0623x_1-0.657x_2+0.0062x_3+0.0015x_4-0.0964x_5$

$y^{11}=-2.85+0.0313x_1-0.220x_2-0.0220x_3-0.00421x_4+0.134x_5$

$y_1^{11}=-1.07+0.0170x_1-0.121x_2-0.0237x_3-0.00349x_4+0.0864x_5$

$y_2^{11}=-1.78+0.0143x_1-0.099x_2+0.0016x_3-0.00073x_4+0.0473x_5$

$y^{12}=-0.70-0.0274x_1+0.281x_2-0.0686x_3+0.0016x_4+0.1200x_5$

$y_1^{12}=-0.16-0.0135x_1+0.154x_2-0.0522x_3+0.00084x_4+0.085x_5$

$y_2^{12}=-0.50-0.0139x_1+0.127x_2-0.0164x_3+0.00071x_4+0.0344x_5$

上述式中，y 是代表红松木材的生长轮碳素储存量；y_1 是代表早材碳素储存量；y_2 是代表晚材碳素储存量；y 的上标 1～12 分别代表 1～12 月；x_1 为平均气温；x_2 为平均地温；x_3 为日照百分率；x_4 为降水量；x_5 为相对湿度。

从表 4-11 可以看出，1 月的降水量与生长轮碳素储存量、早材碳素储存量均具有显著的负相关关系，与晚材碳素储存量具有显著性负相关关系；2 月的日照百分率与生长轮碳素储存量、早材碳素储存量均具有显著的负相关关系，与晚材碳素储存量具有显著性负相关关系，相对湿度与生长轮碳素储存量、早材碳素储存量均具有显著性负相关关系，对晚材碳素储存量有一定的影响；3 月、5 月、7 月、11 月、12 月的五种气象因子与碳素储存量均无显著性相关关系；4 月的平均气温对生长轮碳素储存量、早材碳素储存量均有显著性负相关关系，平均地温与生长轮碳素储存量、早材碳素储存量均具有显著的正相关关系，与晚材碳素储存量具有显著性正相关关系；6 月的降水量与生长轮碳素储存量具有显著性负相关关系，同时对早材碳素储存量和晚材碳素储存量有一定的影响，但是不显著；8 月的降水量对生长轮碳素储存量和晚材碳素储存量有一定的影响但不显著；9 月的相对湿度对生长轮碳素储存量有影响，与早材碳素储存量具有显著性负相关关系；10 月的平均气温、平均地温和降水量均对晚材碳素储存量有一定影响但不显著，且相对湿度与晚材碳素储存量具有高度显著的负相关关系，同时生长轮碳素储存量、早材碳素储存量均与相对湿度具有显著性负相关关系。

表 4-11　凉水林场人工林红松木材碳素储存量与气象因子交互影响的相关分析

月份	指标	平均气温	平均地温	日照百分率	降水量	相对湿度
1 月	生长轮碳素储存量	-0.793	0.714	-0.351	-0.008**	-0.659
	早材碳素储存量	-0.877	0.845	-0.339	-0.006**	-0.626
	晚材碳素储存量	-0.660	0.516	-0.431	-0.027*	-0.760
2 月	生长轮碳素储存量	-0.592	-0.497	-0.004**	-0.517	-0.044*
	早材碳素储存量	-0.614	-0.526	-0.002**	-0.538	-0.034*
	晚材碳素储存量	-0.586	-0.483	-0.026*	-0.518	-0.100
3 月	生长轮碳素储存量	-0.944	0.671	0.747	-0.220	0.542
	早材碳素储存量	-0.926	0.716	0.927	-0.306	0.605
	晚材碳素储存量	-0.988	0.601	0.433	-0.119	0.446
4 月	生长轮碳素储存量	-0.041*	0.009**	-0.682	0.334	-0.887
	早材碳素储存量	-0.031*	0.006**	-0.869	0.191	0.996
	晚材碳素储存量	-0.102	0.031*	-0.406	0.835	-0.687
5 月	生长轮碳素储存量	0.424	-0.868	-0.576	0.371	-0.424
	早材碳素储存量	0.430	-0.802	-0.648	0.362	-0.503
	晚材碳素储存量	0.447	0.984	-0.471	0.431	-0.317

续表

月份	指标	平均气温	平均地温	日照百分率	降水量	相对湿度
6月	生长轮碳素储存量	−0.932	0.420	−0.404	−0.047*	0.343
	早材碳素储存量	0.990	0.446	−0.368	−0.067	0.351
	晚材碳素储存量	−0.789	0.412	−0.531	−0.097	0.373
7月	生长轮碳素储存量	−0.456	0.186	−0.703	0.960	−0.927
	早材碳素储存量	−0.463	0.160	−0.761	0.796	−0.903
	晚材碳素储存量	−0.477	0.285	−0.616	−0.723	−0.979
8月	生长轮碳素储存量	0.981	−0.672	−0.790	−0.089	0.815
	早材碳素储存量	−0.856	−0.816	−0.773	−0.120	0.882
	晚材碳素储存量	0.668	−0.447	−0.808	−0.067	0.704
9月	生长轮碳素储存量	−0.717	0.990	−0.467	0.631	−0.076
	早材碳素储存量	−0.656	0.905	−0.426	0.530	−0.048*
	晚材碳素储存量	−0.862	−0.847	−0.595	0.876	−0.168
10月	生长轮碳素储存量	0.150	−0.137	−0.811	0.125	−0.010*
	早材碳素储存量	0.224	−0.208	−0.650	0.186	−0.015*
	晚材碳素储存量	0.080	−0.073	0.802	0.072	−0.009**
11月	生长轮碳素储存量	0.602	−0.690	−0.727	−0.466	0.237
	早材碳素储存量	0.678	−0.748	−0.585	−0.380	0.262
	晚材碳素储存量	0.491	−0.603	0.940	−0.712	0.225
12月	生长轮碳素储存量	−0.665	0.601	−0.436	0.903	0.442
	早材碳素储存量	−0.755	0.677	−0.387	0.923	0.424
	晚材碳素储存量	−0.526	0.493	−0.585	0.871	0.518

注：“*”表示在0.05水平上显著相关；“**”表示在0.01水平上显著相关。

4.4 不同培育措施下的木材碳素储存

影响木材碳素储存量的重要因素之一就是林木的培育措施。了解不同的培育措施与木材碳素储存量的内在相关性及其对木材碳素储存量的影响规律，从而通过优化或改善林木的各种培育措施，达到提高木材碳素储存能力的目的。

本节是以老山生态站的人工林红松木材为研究对象，研究不同林分结构、初植密度、间伐与否等培育措施下的红松木材碳素储存量的径向变异规律，分析不同培育措施对木材碳素储存量的影响及其相关性，从而为进一步研究木材的碳素储存功能提供数据支持。

4.4.1 人工林生长与培育措施的关系

4.4.1.1 生长与林分结构

按人工林更新和培育方式的不同，可分为纯林、混交林、三株一丛式三种类型。其中纯林是在全光造林和全光抚育的条件下形成的。混交林是按照混交原则（模拟自然培育红松混交林，维持地力改善生态环境，充分利用土壤和气候资源，提高木材质量，增强抗逆性和防护效能等），混交条件（立地条件的类似性、树种生物学特性的差异性）、种间关系作用机制和种间关系的动态变化等营造混交林。三株一丛式造林是按照三株作为一丛的方式进行林木种植。目前黑龙江省帽儿山林场老山生态站重点进行了优化群落结构系统造林试验，目的在于实现提高红松人工林生产力水平和培育优质红松大径材的目标，使其发挥巨大的生态效益和经济效益，满足国民经济建设发展的需要。

4.4.1.2 生长与初植密度

对帽儿山红松造林密度（1.0m×1.0m，1.0m×1.5m，1.5m×1.5m，1.5m×2.0m，2.0m×2.0m）与其生长的关系，经多年研究得出，红松人工林立木的平均胸径与林分密度呈反比，即胸径随密度的增加而表现出递减的变化规律[36]，密度变化幅度不同，递减性也越强。这是因为密度相差越大，每种林分林木之间竞争的激烈程度也不同，密度大的，养分相对减少，林木之间竞争就激烈，致使胸径生长相差很大；相反，密度变化幅度小，胸径生长相差亦小。密度对红松高生长的影响表现出明显的随密度增大高生长加快的趋势，这主要因为，红松侧枝发达，树冠大，消耗养分多，能抑制主干高度生长，如果造林密度大，能够抑制侧枝生长，而下部的枝条则因在光补偿点以下而枯掉，这无疑会促进主干高度生长。

丁宝永等通过长期定位追踪、研究得出，最适宜的造林密度为1.0m×1.5m，1.5m×1.5m。这样既能使红松迅速生长，又能培育出优良材质（从林学角度看）。

4.4.1.3 生长与抚育间伐

间伐是改善林分状况、加速林木生长、缩短工艺成熟期的有效措施。

红松人工林间伐包括两种含义，即首次间伐的时间和抚育间伐间隔期。首次间伐时间的确定要根据经营密度表来确定，即如果现实林分密度低于或等于此时经营密度则不需间伐，否则应采取间伐措施；此外，正确选择间伐对象对红松人工林抚育效果影响极大。丁宝永等研究得出，经过两次间伐抚育的红松人工林比未经抚育的林分年平均公顷增量相对增加了57.67%～69.32%。因为间伐抚育是靠人为的调控，不断创造营养空间，增加光能，改善微环境，提高了光能利用率，从而加速了径级生长，使蓄积量提高。综上，间伐抚育是培育红松林的重要技术环节，有利于生态效益和经济效益的增加。

另外经营措施中还有修枝、施肥、灌溉等都能促进林木的生长。所以，红松人工林的合理经营，不仅能发挥森林的生态效益和社会效益，还能培育速生、优质、高固碳量的木材资源，逐步做到多效益的持续利用。

4.4.2 林分结构

林分结构对林木的生长有着重要影响。下面主要是研究不同林分结构，包括红松纯林、红松和白桦混交林、三株一丛式红松林在内的红松木材碳素储存量的径向变异规律，并分析三种林分结构与木材碳素储存量之间的内在相关性。

表4-12所示的为不同林分结构红松木材碳素储存量的统计分析结果。结合图4-22中不同林分结构的早材碳素储存量，分析得出，红松早材碳素储存量的平均值中，纯林＞混交林＞三株一丛，且纯林的变异系数最小，其离散度最小，而三株一丛的离散度最大；纯林、混交林和

三株一丛的早材碳素储存量的径向变异趋势比较相似，即13年之前随生长轮龄的增加而增加，13年之后缓慢增加，在第19年左右即树木成熟后又缓慢下降至平稳状态；总体分析，14年之前的早材碳素储存量，纯林＞混交林＞三株一丛，14年之后为纯林＞三株一丛＞混交林；由此得出，就红松早材碳素储存量而言，红松纯林的林分结构更加适宜于培育高碳素储存量的人工林红松。

表 4-12 不同林分结构红松木材碳素储存量统计分析

林分结构	指标	最大值/kg	最小值/kg	平均值/kg	标准差	变异系数/%
纯林	生长轮碳素储存量	4.972	1.184	3.860	1.150	29.793
	早材碳素储存量	3.196	0.749	2.517	0.719	28.566
	晚材碳素储存量	1.776	0.209	1.343	0.494	36.783
混交林	生长轮碳素储存量	4.730	0.966	3.541	1.238	34.962
	早材碳素储存量	3.013	0.486	2.242	0.812	36.218
	晚材碳素储存量	1.718	0.330	1.300	0.445	34.231
三株一丛	生长轮碳素储存量	4.994	0.465	3.165	1.484	46.888
	早材碳素储存量	3.302	0.358	2.107	0.963	45.705
	晚材碳素储存量	1.692	0.107	1.058	0.541	51.134

在红松晚材碳素储存量的平均值中，纯林的最大，混交林次之，三株一丛最小，且混交林晚材碳素储存量的平均值离散度最小，而三株一丛的离散度最大；从图4-23中可分析得出，纯林、混交林、三株一丛的晚材碳素储存量的径向变异曲线在12年之前均呈逐年递增的生长趋势，且纯林和混交林径向趋势高低相近，三株一丛最低；在12年之后为纯林＞混交林＞三株一丛；由此得出，就红松晚材碳素储存量而言，红松纯林的林分结构更加适宜培育高碳素储存量的人工林红松。

在红松生长轮碳素储存量的平均值中，三株一丛的最大，纯林次之，混交林最小，且纯林生长轮碳素储存量的平均值离散度最小，而三株一丛的离散度最大；再结合图4-24，分析得出，15年之前的生长轮碳素储存量，纯林＞混交林＞三株一丛，15年之后，混交林和三株一丛的变异趋势高低相近，而纯林最高；就红松生长轮碳素储存量而言，这表明红松纯林的林分结构更加适宜培育高碳素储存量的人工林红松。综合前文的分析，在纯林、混交林、三株一丛这三种林分结构中，纯林的碳素储存效果最好，有助于培育出高碳素储存量的人工林，混交林次之。

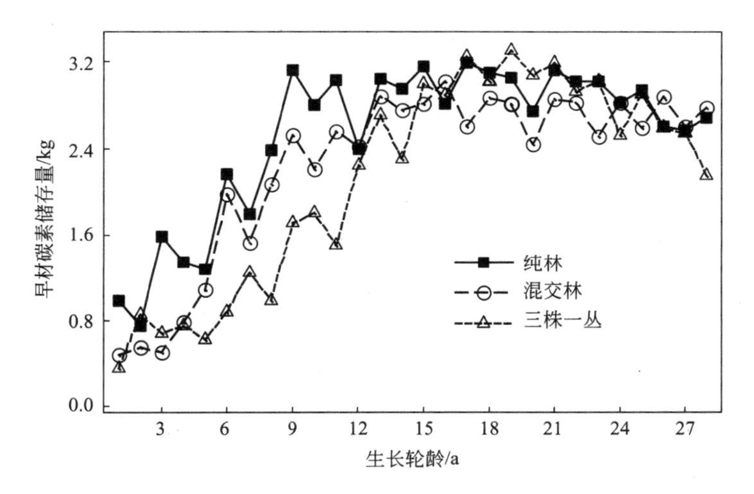

图 4-22 不同林分结构早材碳素储存量径向变异

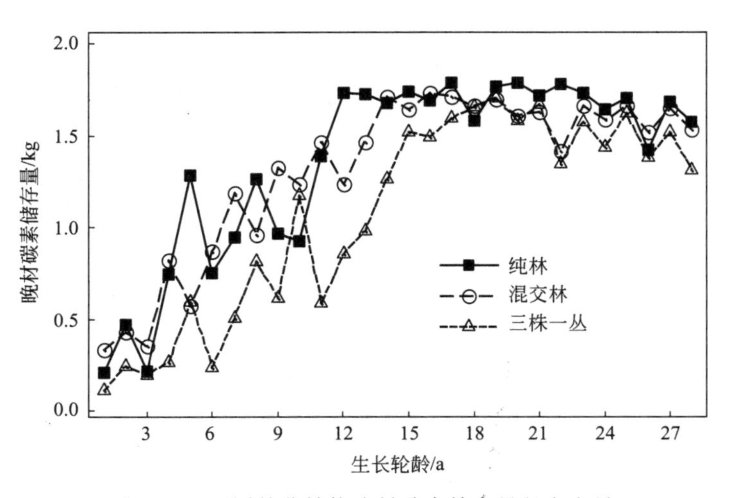

图 4-23 不同林分结构晚材碳素储存量径向变异

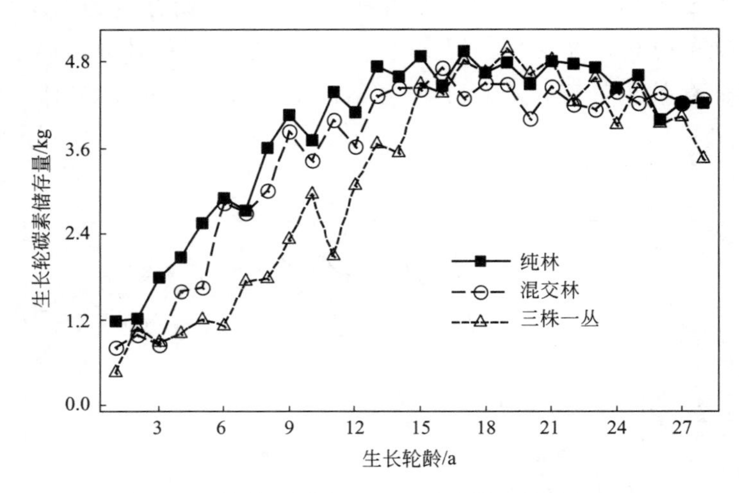

图 4-24 不同林分结构生长轮碳素储存量径向变异

4.4.3 初植密度

在培育林木的过程中，初植密度会直接影响到林木的生长空间及生长效果，对林木的个体生长和林木的丰产和优质起到决定作用。下面以初植密度分别为 1.5m×1.0m、1.5m×1.5m、2.0m×2.0m 的人工林红松木材为研究对象，研究三种初植密度下人工林红松木材碳素储存量的径向变异情况，及三种初植密度与木材碳素储存量之间的相关性。取样的具体情况如表 4-13 中所示。

表 4-13 所示的为不同初植密度人工林红松木材碳素储存量的统计分析结果。结合图 4-25～图 4-27，分析得出，初植密度分别为 1.5m×1.0m、1.5m×1.5m、2.0m×2.0m 的木材碳素储存量的径向变异趋势相近，均自髓心向外逐渐增大，在树木成熟后即从第 18 年左右开始缓慢下降至平稳状态；其中，平均早材碳素储存量，1.5m×1.5m>1.5m×1.0m>2.0m×2.0m，1.5m×1.0m 和 1.5m×1.5m 的变异系数相近，离散度均较大，2.0m×2.0m 的离散度较小；平均晚材碳素储存量，1.5m×1.0m>2.0m×2.0m>1.5m×1.5m，三者的变异系数相近，离散度都较大；平均生长轮碳素储存量，1.5m×1.0m>2.0m×2.0m>1.5m×1.5m，1.5m×1.0m 和 1.5m×1.5m 的变异系数相近，

表 4-13 不同初植密度红松木材碳素储存量统计分析

初植密度	指标	最大值/kg	最小值/kg	平均值/kg	标准差	变异系数/%
1.5m×1.0m	生长轮碳素储存量	5.650	0.247	3.717	1.737	46.731
	早材碳素储存量	3.663	0.152	2.380	1.153	48.445
	晚材碳素储存量	2.248	0.095	1.337	0.620	46.372
1.5m×1.5m	生长轮碳素储存量	5.378	0.509	3.476	1.603	46.116
	早材碳素储存量	3.708	0.322	2.390	1.142	47.782
	晚材碳素储存量	1.670	0.125	1.086	0.503	46.317
2.0m×2.0m	生长轮碳素储存量	4.972	0.630	3.567	1.422	39.865
	早材碳素储存量	3.196	0.502	2.334	0.888	38.046
	晚材碳素储存量	1.776	0.099	1.233	0.582	47.202

离散度均较大，2.0m×2.0m 的离散度较小。综合考虑，初植密度为 1.5m×1.0m 时的人工林红松储存碳素最多，1.5m×1.5m 时储存碳素最少，不利于碳素的累积。因此，培育高碳素储存量的人工林红松的最佳初植密度为 1.5m×1.0m。

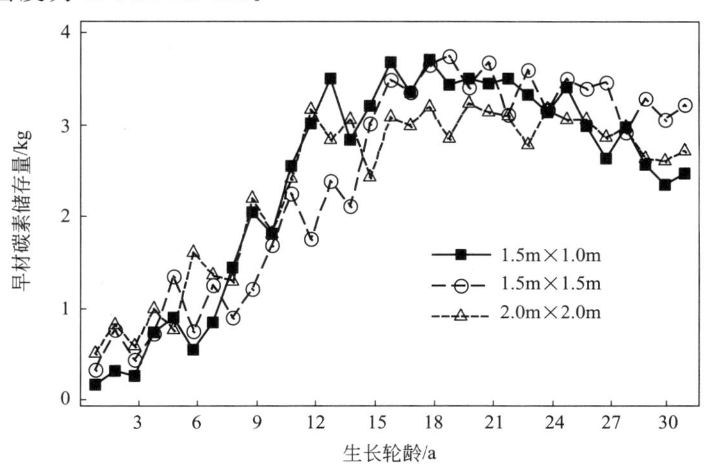

图 4-25 不同初植密度早材碳素储存量径向变异

4.4.4 间伐与未间伐

在森林的培育过程中，抚育间伐是最主要的措施之一。抚育间伐对

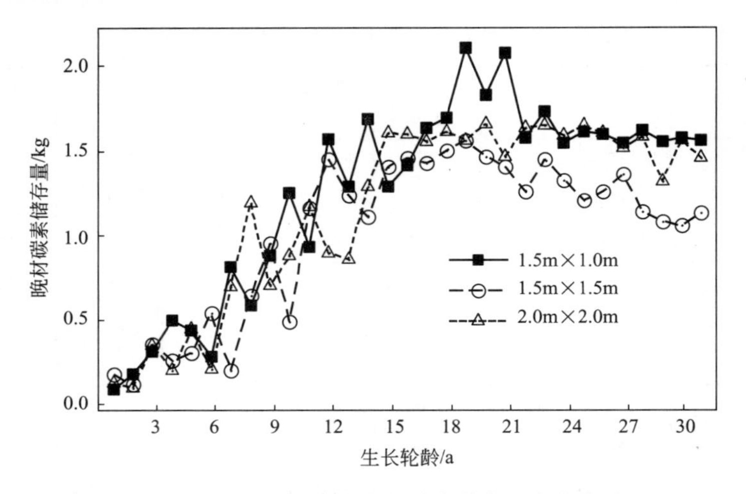

图 4-26　不同初植密度晚材碳素储存量径向变异

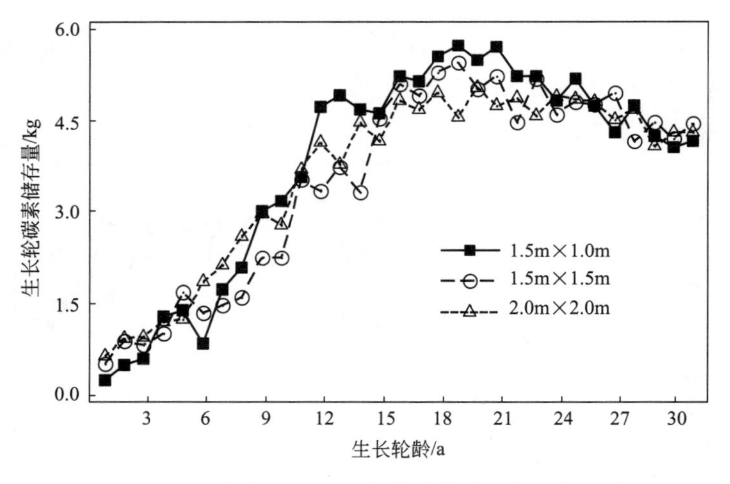

图 4-27　不同初植密度生长轮碳素储存量径向变异

土壤的理化性质和生物多样性等均会产生一定的影响，通过抚育间伐，能够有效调整林木之间的距离，令林木吸收更多的水分、阳光，从而促进林木的生长和发育[48]。下面以间伐和未间伐的人工林红松木材为研究对象，分析间伐、未间伐状态下木材碳素储存量的径向变异情况，及间伐与未间伐碳素储存量的相关关系，旨在确定科学合理、高碳素储存量的抚育间伐方式。

表4-14所示的是间伐与未间伐红松木材碳素储存量的统计分析结果。可以看出，间伐的早材碳素储存量、生长轮碳素储存量的平均值均高于未间伐，未间伐的平均晚材碳素储存量高于间伐，并且，间伐的变异系数均大于未间伐，离散度也较大；再从图4-28中分析得出，间伐与未间伐早材碳素储存量的径向变化规律相似，16年之前的间伐与未间伐径向变异区分不明显，在16年之后，间伐的早材碳素储存量高于未间伐；而且，图4-29中所示的间伐与未间伐早材碳素储存量的拟合度高，相关性强，二者有显著性相关关系，这说明早材碳素储存量受到抚育间伐的显著性影响；综合考虑，对林木进行适宜的抚育间伐措施，有利于培育高碳素储存量的人工林红松。

表4-14 间伐与未间伐红松木材碳素储存量统计分析

间伐与否	指标	最大值/kg	最小值/kg	平均值/kg	标准差	变异系数/%
间伐	生长轮碳素储存量	6.096	1.011	3.452	1.541	44.641
	早材碳素储存量	4.381	0.571	2.323	1.247	53.680
	晚材碳素储存量	1.715	0.399	1.129	0.384	34.012
未间伐	生长轮碳素储存量	5.347	1.179	3.389	1.351	39.864
	早材碳素储存量	3.645	0.541	2.231	1.033	46.302
	晚材碳素储存量	1.702	0.410	1.157	0.371	32.066

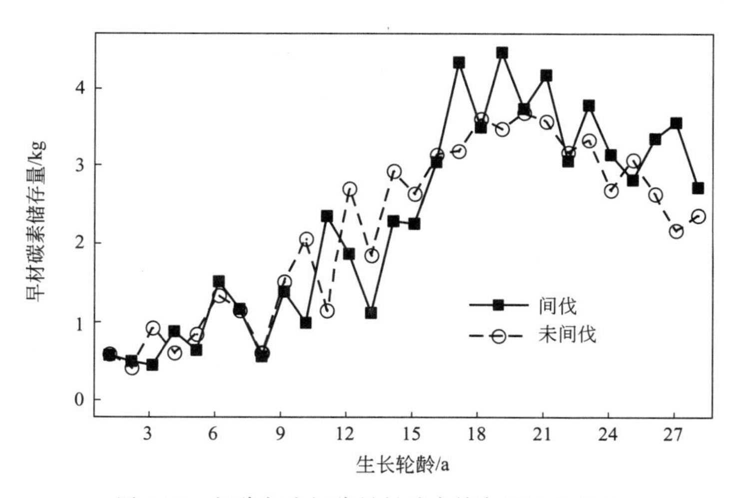

图4-28 间伐与未间伐早材碳素储存量径向变异

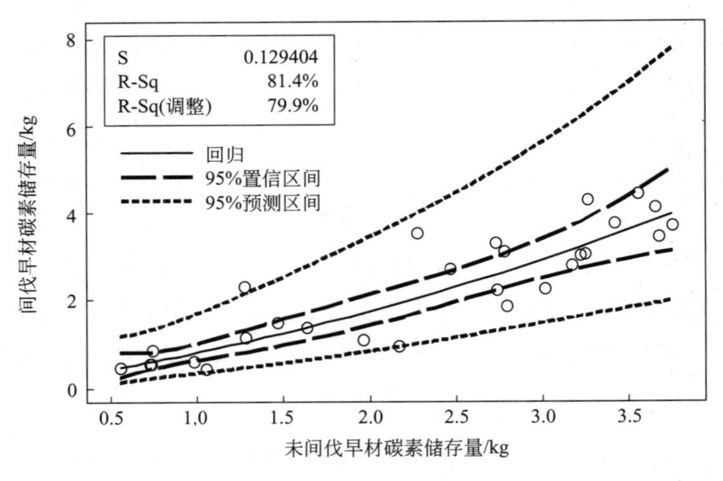

图 4-29　间伐与未间伐早材碳素储存量拟合图

结合图 4-30 和图 4-31，分析得出，间伐与未间伐晚材碳素储存量的径向变化规律相似，均是自髓心向外逐渐增大，在树木成熟后即从第 19 年左右开始缓慢下降，并且上下波动较大；而且，间伐与未间伐晚材碳素储存量的拟合度较高，相关性较强，二者有较显著的相关关系；由此，这说明晚材碳素储存量受抚育间伐的影响不明显。

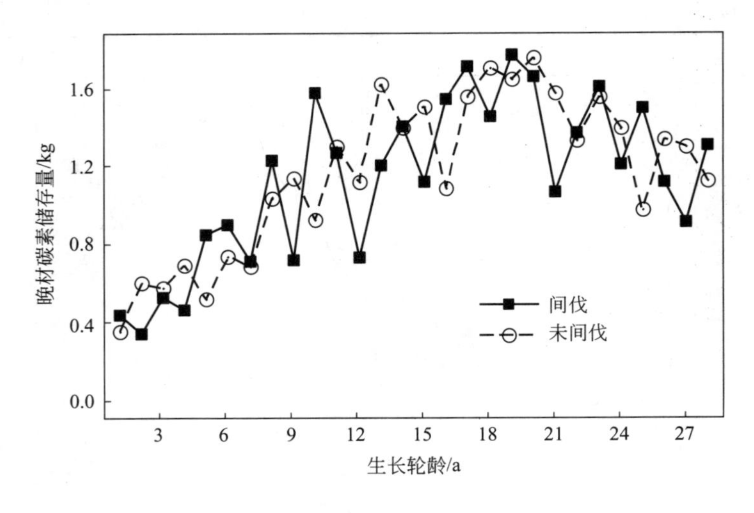

图 4-30　间伐与未间伐晚材碳素储存量径向变异

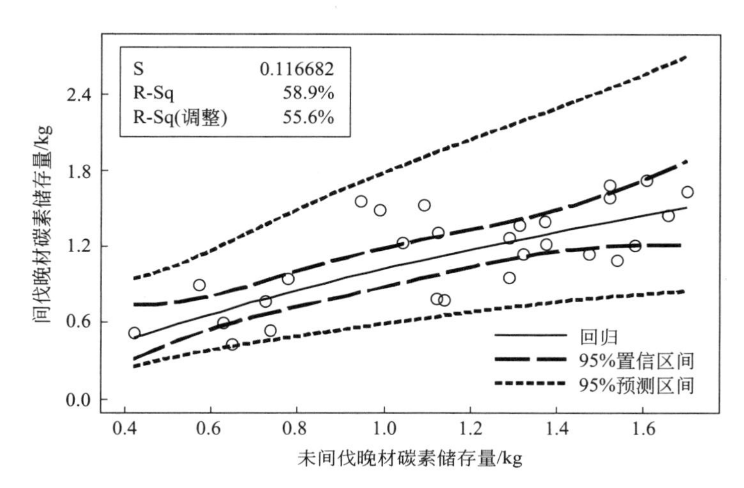

图 4-31　间伐与未间伐晚材碳素储存量拟合图

从图 4-32 和图 4-33 中可以看出，间伐与未间伐的生长轮碳素储存量的径向变异相近，在前 16 年当中，间伐与未间伐的生长轮碳素储存量高低区分不明显，在第 16 年之后，间伐的生长轮碳素储存量高于未间伐；而且，二者的拟合度很高，相关性极强，具有显著的相关关系；由此，生长轮碳素储存量受抚育间伐的影响不明显；综合分析得出，红松的间伐林能够有效提高木材的碳素储存量，储碳效果优于未间伐林。

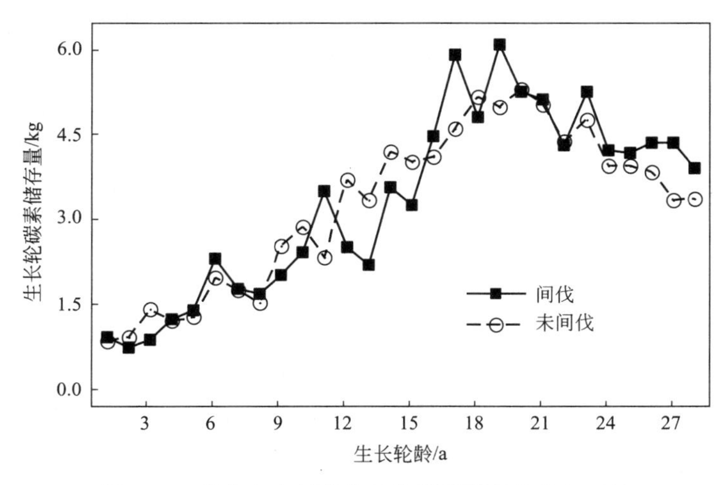

图 4-32　间伐与未间伐生长轮碳素储存量径向变异

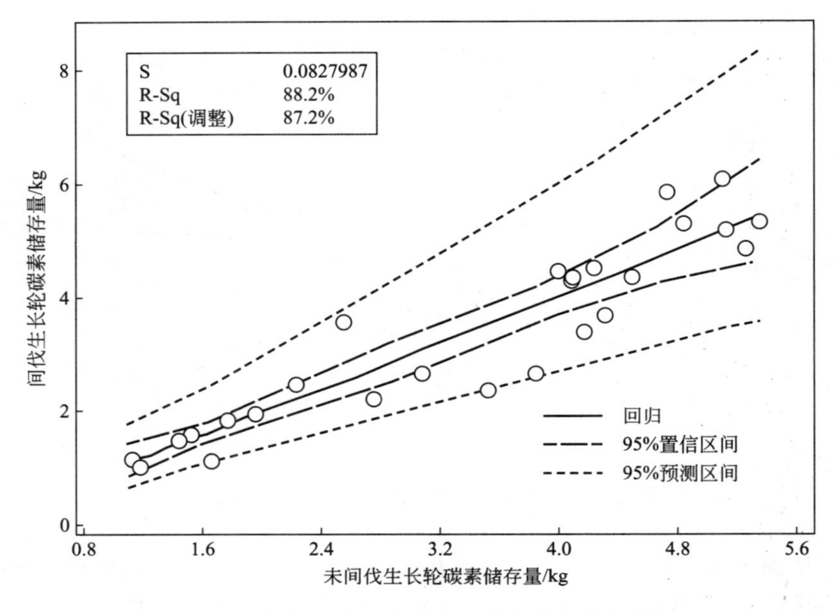

图 4-33 间伐与未间伐生长轮碳素储存量拟合图

4.5 高碳素储存量的优质人工林经营措施

本节是以研究林木的高碳素储存量为前提，综合前文中的三种经营措施，包括立地条件、气候条件和培育措施，对人工林红松木材碳素储存量的影响规律，通过优化或调控人工林的经营方案，研究并比较得出一种比较合理的高碳素储存量的优质人工林经营措施，从而对有效提高林木的碳素储存和木材资源的高效利用具有实际指导作用。

第一，立地条件的选择。在老山生态站、凉水林场和方正林场中，方正林场人工林红松的碳素储存效果最好；其中，方正林场和凉水林场都适宜培育高碳素储存量的优质人工林红松木材，老山生态站培育红松的措施可以进行优化，例如通过调控其林分结构、初植密度、抚育间伐情况或修枝情况等手段来增加其碳素储存量。对于坡位的选择，由于阴坡红松木材的碳素储存效果优于阳坡，并且坡上的碳素储存效果优于坡下，所以在培育高碳素储存量的人工林红松时，应选择既为阴坡又为坡上的立地条件。对于土壤类型的选择，白浆土与白浆化暗棕壤均适合红松的生长发育，但白浆化暗棕壤更有利于培育高碳素储存量的人工林红松。

第二，气候条件的选择。适宜的气候条件将有利于树木的生长和发育，可以提高木材的材质，更能够增加木材的碳素储存量，基于前文的研究得出，适量调高4月和7月的平均地温1～2℃，适量升高11月的相对湿度及降低1月、5月、7月、9月、10月的相对湿度，适量降低1月的平均降水量及提高4月的平均降水量，可以有效提高人工林红松木材的碳素储存量。

第三，培育措施的选择。根据前文对不同林分结构、初植密度及抚育间伐措施下红松木材碳素储存量的研究，分析得出，纯林更适合培育高碳素储存量的人工林，混交林次之；培育高碳素储存量人工林红松的最佳初植密度为1.5m×1.0m，初植密度2.0m×2.0m次之；间伐的抚育措施更适合培育高碳素储存量的人工林，其碳素储存效果优于未间伐林。

一般来说，经营人工林的立地条件和气候条件是已经存在的，人们只能对其进行选择，不易改变，而培育措施是可以调控的，所以，经营高碳素储存量的人工林主要是以调控培育措施为主，选择适宜的立地条件和气候条件为辅。

参考文献

[1] 郭庆春，孙珂，张轩．全球变暖主要驱动因子温室气体变化研究［J］．价值工程．2012，31（14）：11-12.

[2] Hennigar C R，Maclean D A，Amos-Binks L J．A novel approach to optimize-management strategies for carbon stored in both forests and wood products［J］．Forest Ecology and Management．2008，256（4）：786-797.

[3] 朱琳琳，张萌新，赵竑绯，赵阳，徐小牛．不同经营措施对毛竹林生物量与碳储量的影响［J］．经济林研究，2014，32（01）：58-64.

[4] 李翀，周国模，施拥军，周宇峰，徐林，范叶青，沈振明，李少虹，吕玉龙．不同经营措施对毛竹林生态系统净碳汇能力的影响［J］．林业科学，2017，53（02）：1-9.

[5] 李怒云，杨炎朝，何宇．气候变化与碳汇林业概述［J］．开发研究．2009（3）：95-97.

[6] Parry M L. Climate Change 2007: Impacts, adaptation and vulnerability: contribution of Working Group Ⅱ to the fourth assessmentreport of the intergovernmental panel on climate change［C］. Cambridge Univ Pr, 2007: 135-141.

[7] Tyree M C, Seiler J R, Fox T R. The effects of fertilization on soil respiration in 2-year-old Pinus taeda L. Clones［J］. ForestScience, 2008, 54（1）: 21-30.

[8] Sampson D A, Waring R H, Maier C A, et al. Fertilization effects on forest carbon storage and exchange, and net primary production: A new hybrid process model for stand management［J］. Forest Ecology and Management, 2006, 221（1/3）: 91-109.

[9] Masera O R, Garza-Caligaris J, Kanninen M, et al. Modeling carbon sequestration in afforestation, agroforestry and forest management projects: the CO2FIX V. 2 approach［J］. Ecological Modelling, 2003, 164（2/3）: 177-199.

[10] 周国模，吴家森，姜培坤. 不同管理模式对毛竹林碳贮量的影响［J］. 北京林业大学学报，2006，28（8）：51-55.

[11] 李正才，杨校生，蔡晓郡，等. 竹林培育对生态系统碳储量的影响［J］. 南京林业大学学报：自然科学版，2010，34（1）：24-28.

[12] 李家永，袁小华. 红壤丘陵区不同土地资源利用方式下有机碳储量的比较研究［J］. 资源科学，2006，23（5）：73-76.

[13] 李忠佩，王效举. 红壤丘陵区土地利用方式变更后土壤有机碳动态变化的模拟［J］. 应用生态学报，1998，9（4）：365-370.

[14] 李正才，傅懋毅，杨校生. 经营干扰对森林土壤有机碳的影响研究概述［J］. 浙江林学院学报，2005，22（4）：469-474.

[15] 姜培坤，周国模，徐秋芳. 雷竹高效栽培措施对土壤碳库的影响［J］. 林业科学，2002，38（6）：6-11.

[16] 董恒宇，云锦凤，王国钟．碳汇概要．北京：科学出版社，2012.

[17] 刘惠兰．我国实现森林面积和蓄积量双增长——人工林保存面积居世界首位．In：经济日报，2012-6-5.

[18] P. Schroeder. Can Intensive Management Increase Carbon Storage in Forest Environmental Management. 1991, 15（4）: 475-481.

[19] C. S. Papadopol. Impacts of Climate Warming on Forests in Ontario: Op-

tions for Adaptation and Mitigation. The Forestry Chronicle. 2000, 76（1）: 139-149.

[20] 邹慧，覃林，何友均．不同森林经营措施对木材产量和碳储量的影响［J］．世界林业研究，2015，28（01）：12-17.

[21] 马钦彦，陈遐林，王娟，等．华北主要树林类型建群种的含碳率分析［J］．北京林业大学学报，2002，24（5/6）：96-100.

[22] Reichstein M，Tenhunen J D，Roupsard O，et al. Severe drought effects on ecosystem CO_2 and H_2O fluxes at three Mediterranean evergreen sites：revision of current hypothesis［J］. Global Change Biology，2002，8（10）：999-1017.

[23] 黄水长．森林经营管理对森林碳汇的影响和提高措施探析［J］．科技与企业，2015（15）：184.

[24] 许礼和．森林经营管理对森林碳汇的作用及提高措施［J］．现代农业科技，2013（06）：179-188.

[25] 王效科，冯宗炜，庄亚辉．中国森林火灾释放 CO_2、CO 和 CH_4 研究［J］．林业科学，2001，37（1）：90-95.

[26] 苏宏钧，赵杰，尢德康等．我国森林病虫害灾害经济损失［J］．中国森林病虫，2004，23（5）：1-5.

[27] Fuhrer J，Benitson M，Fischlin A，et al. Climate risks and their impact on agriculture and forestry in Switzerland［J］. Climate Change，2006，79（3）：79-102.

[28] Sohngen S，Andrasko K，Gytarsky M，et al. Stocks and flows：carbon inventory and mitigation potential of the Russian forest and land base［R］. Washington DC：the World Resources Institute，2005.

[29] Liski J，Perruchoud D，Karjalainen T. Increasing carbon stocks in forest soils of western Europe［J］. Forest Ecology and Management，2002，169（13）：159-175.

[30] Lindner M，Karjalainen T. Carbon inventory methods and carbon mitigation potentials of forests in Europe：a short review of recent progress［J］. European Journal of Forest Research，2007，126（4）：149-156.

[31] Nabuurs G J，Schelhass M J，Mohren M J，et al. Temporal evolution of the European forest sector carbon sink from 1950 to 1999［J］. Global Change Biology，2003，9（7）：152-160.

[32] 齐鸿儒主编．红松人工林．北京：中国林业出版社，1991.

[33] 蒋伊尹．红松人工林生长与生长模型．东北林学院学报，1985（2）：6-15.

[34] 郭明辉．木材品质培育学．哈尔滨：东北林业大学出版社，2001．

[35] 陈乃全，王政权等．勃利县红松、落叶松人工林生长与立地因子关系的研究．东北林业大学学报，1987，15（1）：13-22.

[36] 丁宝永，张世英著．红松人工林培育理论与技术．哈尔滨：黑龙江科学技术出版社，1994.

[37] 徐绪双．红松生长与立地条件关系的调查研究．辽宁林业科技，1986（5）：34-37.

[38] 李学文，王清君等．伊春林区红松人工林分杈研究．东北林业大学学报，1988，16（3）：75-80.

[39] 郭明辉，陈广胜，王金满等．人工林红松木材解剖特征与气象因子的关系．东北林业大学学报．2000，28（4）：30-35.

[40] 陈礼芬，谢正生，黄小凤等．林地上下坡土壤的异质性及其对树木生长的影响．中国农学通报．2007，23（5）：148-151.

[41] 教士奇等．红松阔叶混交林采伐方式与更新方法．林业科学，1966，11（2）：106-113.

[42] 万志行．红松和白桦混交林定量透光抚育方法的探讨．林业科技，1984（1）：2-7.

[43] 刘广林．红松人工林的培育．东北林学院学报，1981（4）：58-72.

[44] 刘传照，李俊清等．林下光照条件与红松幼树生长的相关性研究．东北林业大学学报，1991，19（3）：104-108.

[45] 姚国清．人工红松幼林年高生长规律与分杈的初步研究．林业科技通讯，1987（7）：1-6.

[46] 李景文，刘庆良．红松生长及其与气候条件关系的研究．东林科技，1975（2）：1-15.

[47] 姜贵勇，何玉玲，高立刚．谈人工林红松森林经营技术．林业勘查设计．2010（2）：16-17.

[48] 李耀翔，杨俊学．论抚育间伐的效应．森林工程．1999，15（3）：7-8.

5 人工林木材碳素储存量的分形研究

树木由于受到环境因素、遗传因素、树龄等因素的交互影响，木材材性的变异规律十分复杂，而这些也影响了木材的碳素储存量的变异规律[1]。同时，针对木材材质变异性的研究、木材碳素储存的研究等多数还滞留在定性描述上，而通过分形理论的研究方法，则可以进行定量分析[2]。

5.1 分形理论

5.1.1 分形理论的定义及种类

5.1.1.1 分形理论的定义

分形理论是美籍法国数学家曼德布罗特（B. B. Mandelbort）于1975年提出的[3]，而Fractal（分形）是Mandelbrot根据拉丁文Fractus而衍生创造出来的一个词语，它本身就具有“零散的、断开的、不规则的”等含义，且Mandelbrot提出将分形理论作为描述各样不规则现象的一种新方法；而作为一种方法论和认识论，分形理论揭示了非线性系统中的有序性与无序性、确定性与随机性的统一问题，及隐藏在复杂事物背后的有序性、规律性，带给人们对整体与局部之间新的认识[4]。

而分形理论由于其研究对象都具有自相似性和曲折性两个必备特征，从而能够对非线性的物体或系统进行研究[5]。同时，不管自然物体的构造如何复杂，分形理论都可以通过一个分形维数来表示和描述它的复杂性[6]。

学术界关于分形的定义有很多[7]，认可程度较高的是英国数学家

Kenneth Falconer 做出的定义，他认为满足以下特征的几何形态可以被称为分形几何形态。

① 某几何形态结构常常十分精细，这种结构精度上的特征，与放大倍数无关，即分形几何形态即便被放大至很高的倍数，依然能展现出其精细的结构形态。

② 某几何形态有着明显的不规则形，这一特性使得微积分和传统几何理论都不能对其进行描述。

③ 某几何形态的自相像性可以是相对近似的也可以是严格统计的。

④ 某几何形态的分形维数通常大于其拓扑维数，而且一般不为整数。

⑤ 某几何形态可由简单的方程式限定，并且其形态由该方程式迭代计算而成。

5.1.1.2 分形理论的种类

虽然关于分形的定义还没有一个统一的定论[8]，但是对于分形的分类目前基本达成共识。分形整体可以分为两类：不规则分形和规则分形[9]。不规则分形就是几何形态变量较多的并且不断变化更新的物质形态，这部分几何形体一般不做固定建模研究。分形几何理论研究的主体是规则分形，即能够用数学法则计算、有着严格的结构特征，这里所说的结构特征就是分形几何体最为重要的自相似性。常见的规则分形几何形态有以下几种。

(1) 三分康托集

1883 年，德国数学家康托（G. Cantor）提出了如今广为人知的三分康托集，或称康托尔集。三分康托集是很容易构造的，但它却显示出许多最典型的分形特征。它是从单位区间出发，再由这个区间不断地去掉部分子区间的过程构造出来的。其详细构造过程是：首先把闭区间 [0，1] 等分成三段，并去除中间部分，只余留首位两个区间。然后，将余下的两个数字区间也等分为三个部分，同样去除中间闭合区间。最后，反复去除数字区间的中间部分。不断反复之后，最终形成三分康托集。三分康托集的豪斯多夫维（分形维数）是 0.6309。（见图 5-1）

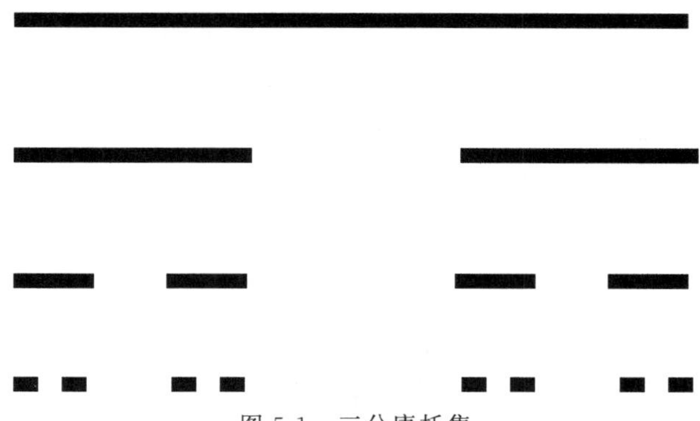

图 5-1 三分康托集

(2) Koch 曲线

瑞典数学家柯赫与 1994 年创造了"Koch 曲线"图形。其维数处于闭合区间：[1，2]。Koch 曲线本身也有多种变形，这取决于分形次数，例如三次 Koch 曲线和四次 Koch 曲线等。以下用三次 Koch 曲线来介绍 Koch 曲线形成流程。首先，将一条线段作为初始形，再将该线条中间部分向外截断并折起，最后，仿照第二步骤将余下的线段也向外折起。反复上述步骤，最终即可构造出 Koch 曲线。其图例构造过程如图 5-2 所示（迭代了 6 次的图形）。

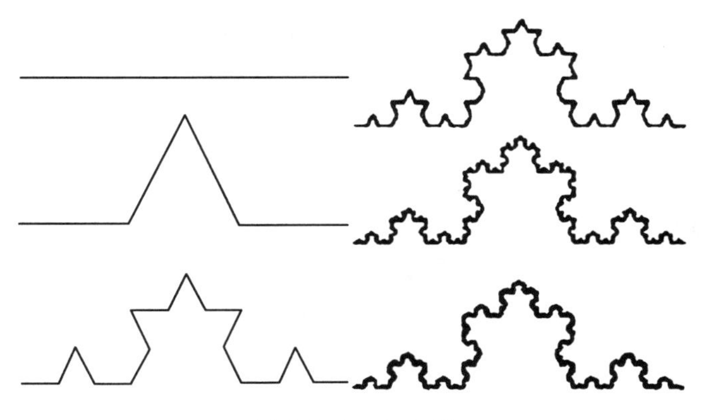

图 5-2 Koch 曲线

(3) Julia 集合

Julia 集合是由法国数学家 Gaston Julia 和 Pierre Faton 在发展了复变函数迭代的基础理论后获得的。Julia 集也是一个典型的分形，只是在表达上相当复杂，难以用古典的数学方法描述。Julia 集合由一个复变函数 $f(z)=z^2+c$ 生成，其中 c 为常数。尽管这个复变函数看起来很简单，然而它却能够生成很复杂的分形图形。Julia 集合生成的图形，由于 c 可以是任意值，所以当 c 取不同的值时，制出的图形也不相同，如图 5-3 所示。

图 5-3　Julia 集合

（4）Sierpinski 集合

该集合初始状态是一个正三角形图形，边长定位单位 1，然后连接各边中点，得到 4 个同形等边三角形，并去除中间部分，如此重复，当次数趋于无穷时，便得到了 Sierpinski 集合，如图 5-4 所示。

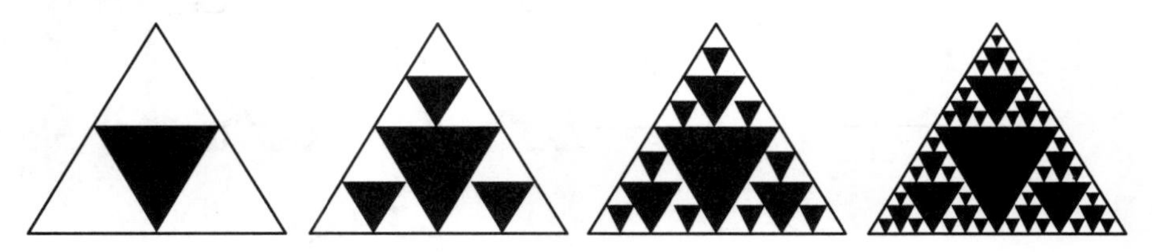

图 5-4　Sierpinski 集合

5.1.2　分形维数

5.1.2.1　分形维数的定义

一般情况下，分形结构具备两种明显的特征，一种是自相似性

(self similarity)，而另一种则是分形维数（fractal dimension)。分形维数（D）简称分维，是由分形理论创始人曼德布罗特为了研究表面曲线的复杂性和处处不可微性而提出的，是分形理论中最为重要的概念，是定量描述分形几何维数的重要参数，是表述分形自相似的随机形状和现象的基本量[10]。

维数是欧氏空间中的基本概念，这个概念可以被称之为经验维数也可以被称为拓扑维数。欧氏空间中的维数数值是一个整数，例如点的维数是0，直线的维数是1，平面的维数是2等。而分形维数值可以是非整数，也可以是整数。此外，分形维数和欧式空间中的维数描述对象也存在着区别，分形维数是描述物体的分形复杂程度，而在欧式集合中则描述的是具有规则形状，并且表面光滑的物体。因此，从上述分析可知，分形维数在数值范围上，要大于欧式空间中的维数范围，并且从描述对象上来说，分形维数也具有更宽泛的描述空间。

在很多研究中都利用分形维数来定量表征一个分形集合的不规则程度或复杂性[11]，就是说，分维越大，研究对象越复杂。而分形图形一般都比较复杂，分维可以将分形图形的复杂性和不规则程度定量化，这就是分形理论被广泛用于研究复杂物体的原因。而且，分形维数与一般所说的维数不同，它可以是一个分数，也可以是一个无理数，由此可以说，某些极不规则的、复杂的平面曲线的分形维数在1和2之间，或者说，某些多层与多褶的曲面的分形维数在2和3之间，还可以定义直线上分形维数在0和1之间的尘埃[12]。

5.1.2.2 分形维数的测定方法

测定分形维数的方法有很多，圆规法、明科斯基法、裂缝岛均法以及盒维数法等[13]，其中盒维数法是实际应用较广，可操作性较强的一种方法[14,15]。分形维数的实际价值很高，能够在诸多应用到分形的领域起到定性和定量分析的作用，是分形几何学中十分重要的参数之一。

本研究中所采用的就是比较直观和方便的盒维数法（Box Dimension)。其具体计算方法是，选取边长为r_m（m取1，2，3，…，M；$1/N \leqslant r_m \leqslant 1/2$）去覆盖所研究的平面曲线（如图5-5)，$N$为此曲线所采集的样

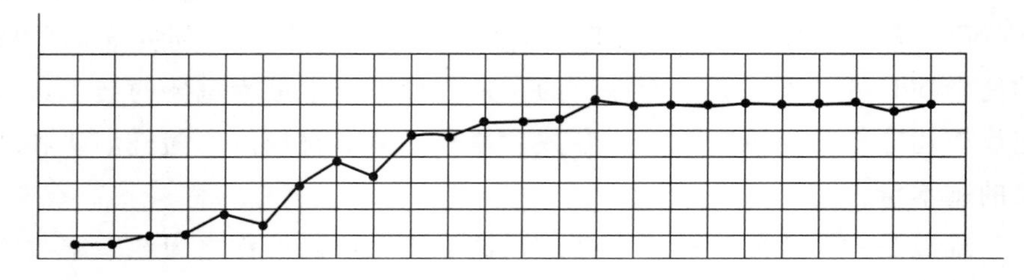

图 5-5 用盒维数法计算分形维数

点数，对于每个 r_m，计算覆盖这个曲线所需要的小正方形的相应数目 N_m，其数学表达式为：

$$N(r)=r^{-Df} \tag{5-1}$$

再画出 m 取 $1,2,3,\cdots,M$ 时，所对应的边长 r 与 N_m 的对数坐标图。其中，如果该对数坐标图的点在最小二乘法下接近于一条直线，那么说明所研究的曲线就是分形的，其斜率就是分形维数。

$$Df=\ln N(r)/\ln(1/r) \tag{5-2}$$

5.1.3 分形理论在木材科学中的应用

分形理论在木材学方面的研究和应用开始于 20 世纪 90 年代，主要应用在木材解剖构造、木材力学行为、木材无损检测以及木材环境学等方面。Redinz JA 及 Hatzikiriakos SG 等主要是对木材表面和水分进入到木材中的过程进行分形分析[16~18]。随后，分形理论在我国木材科学研究领域也得到了广泛应用[19~28]。

下面分别针对不同地理位置（凉水林场和老山生态站）、不同坡向（阳坡和阴坡）的人工林红松木材碳素储存量进行分形研究，首先将两地的木材碳素储存量径向变异规律进行比较分析，再从分形角度出发，为了使结果一目了然，分为幼龄材和成熟材做分析说明，分别通过生长轮中的早材、晚材和整个生长轮三部分逐步分析，通过盒维数法计算每部分碳素储存量的分形维数，然后进行对比分析，分析确定木材碳素储存效果较好的一处地理位置。其中，在幼龄材和成熟材的划分上，郭明辉教授研究得出，人工林红松幼龄材和成熟材的分界年限是第 18 年[29]，本研究在划分幼龄材和成熟材分界年限时将引用此结论。

5.1.4 分形理论的发展趋势

木材工业发展至今，已成为涉及材料、机械、化工和设计等专业的庞大行业体系，行业整体已进入一个相对稳定时期，但在理论研究领域存在瓶颈。分形理论突破了传统的欧式几何学，能够在看似复杂、无规律的事物中找到具有统计意义的规律性，特别适用于木材工业中所涉及的各个领域，成为打破瓶颈的突破口，使木材工业走上真正意义上的创新之路[30]。

分形理论在经过了与数学、物理以及生命科学等主流学科的紧密结合之后，其理论价值得到了充分的肯定，弥补了欧式几何学在极复杂几何形态下，描述能力的缺失，其在迭代变换后的精美形态也被广大研究者所开发和利用，创造出了极其精美的科技作品[31~34]。

5.2 不同地理位置木材碳素储存量的分形研究

5.2.1 木材碳素储存量的径向变异比较

5.2.1.1 生长轮碳素储存量

凉水与老山两地的人工林红松木材样本由于在地理条件、生长环境、树龄及树高等方面的差异，其碳素储存量在试验检测值方面就存在着直观的区别。

从图 5-6 中可以看出，自髓心向外开始，随着树木的不断生长，凉水与老山两地的红松碳素储存量都逐渐增大，在第 8 年左右开始速度加快，当树木成熟后，它们的碳素储存量稳定了一段时间，慢慢地又都有下降的趋势，总体看，两地碳素储存量的径向变异趋势相似；老山处木材的碳素储存量最大值出现在第 19 年，为 5.44kg，凉水处木材的碳素储存量最大值出现在第 18 年，为 6.15kg，这与郭明辉教授提出的人工林红松幼龄材和成熟材的划分年限相近，从而本研究选择第 19 年和第 18 年分别作为老山和凉水进行分形研究时的幼龄材和成熟材的划分年限；从图中还可以看出，老山的生长轮碳素储存量在前 13 年基本略高

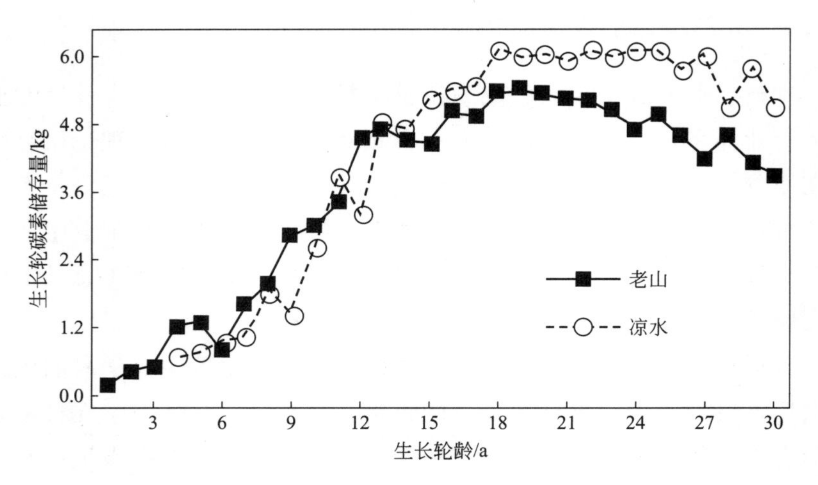

图 5-6　老山和凉水的人工林红松生长轮碳素储存量的径向变异

于凉水，而从第 14 年开始凉水就领先于老山。

5.2.1.2　早材碳素储存量

从图 5-7 中可以看出，同生长轮碳素储存量的变异规律相近，老山和凉水早材碳素储存量的径向变异趋势相似，在前 13 年二者处于交替状态，但是从第 14 年以后凉水就一直领先于老山。

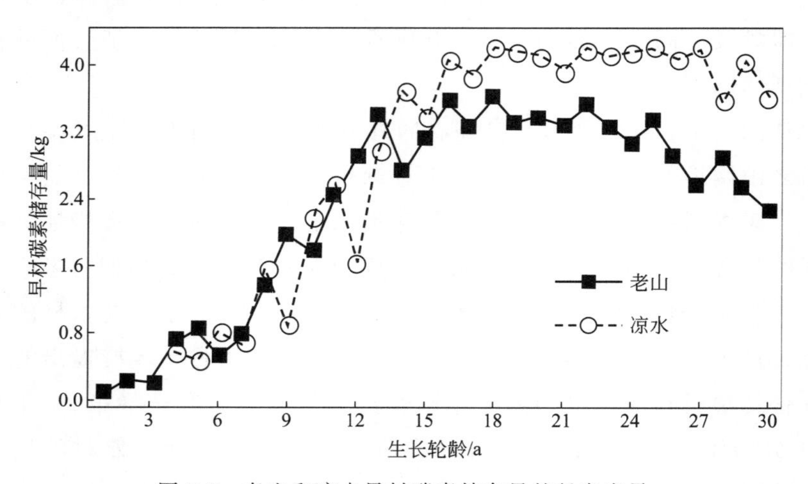

图 5-7　老山和凉水早材碳素储存量的径向变异

5.2.1.3 晚材碳素储存量

从图 5-8 中可以看出，老山和凉水晚材碳素储存量径向变异趋势比较相似，在前 12 年，老山的晚材碳素储存量高于凉水，从 13 年开始，凉水和老山两地的晚材碳素储存量一直处于交替领先状态，变化趋势比较一致。

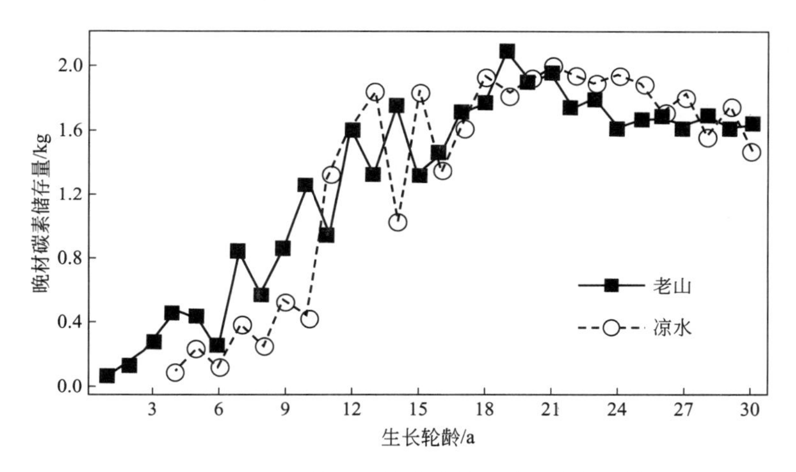

图 5-8 老山和凉水晚材碳素储存量的径向变异

从三组碳素储存量径向变异的对比中，可以看出，在树木生长的前 13 年左右，老山生态站红松木材在碳素储存量上略微高于凉水试验林场，而从树木生长的第 14 年左右开始，凉水试验林场红松木材碳素储存量则只有晚材与老山成交替领先状态，早材和整个生长轮的碳素储存量都远高于老山。而且，从碳素储存量的试验检测值方面来看，凉水林场的碳素储存能力高于老山生态站。

5.2.2 幼龄材碳素储存量的分形分析

在树木生长、发育的早期，形成层原始细胞还没有完全成熟时，所形成的木材就是幼龄材，它的生长比较旺盛。通过前文的分析，本研究选用第 19 年和第 18 年分别作为老山和凉水两地人工林红松幼龄材和成熟材的划分年限。老山生态站和凉水林场人工林红松幼龄材碳素储存量曲线的分形维数分析见表 5-1。

表 5-1 红松幼龄材碳素储存量曲线的分形维数

地点	指标	标准差	相关系数	分形维数
老山生态站	生长轮碳素储存量	0.175	0.9850	1.1244
	早材碳素储存量	0.155	0.9894	1.0019
	晚材碳素储存量	0.187	0.9427	1.1767
凉水林场	生长轮碳素储存量	0.170	0.9917	1.1098
	早材碳素储存量	0.179	0.9492	1.1298
	晚材碳素储存量	0.174	0.9602	1.1087

木材的碳素储存量如果是分形的，其分布的分形维数 D 就是木材碳素储存量分布复杂程度的度量。对于红松幼龄材的碳素储存量来说，如果 $D=0$，表明幼龄材中木材的碳素储存量是相同的，不存在梯度分布；如果 $D>0$，表明在一定范围内木材碳素储存量存在自相似的分布。所以，分形维数 D 可以形象直观并定量地反映木材内部碳素储存量的分布情况。

5.2.2.1 生长轮碳素储存量

由表 5-1 可见，所选红松幼龄材碳素储存量的分形维数分布在 1.0019～1.1767，再结合图 5-9 中老山和凉水幼龄材部分的碳素储存量

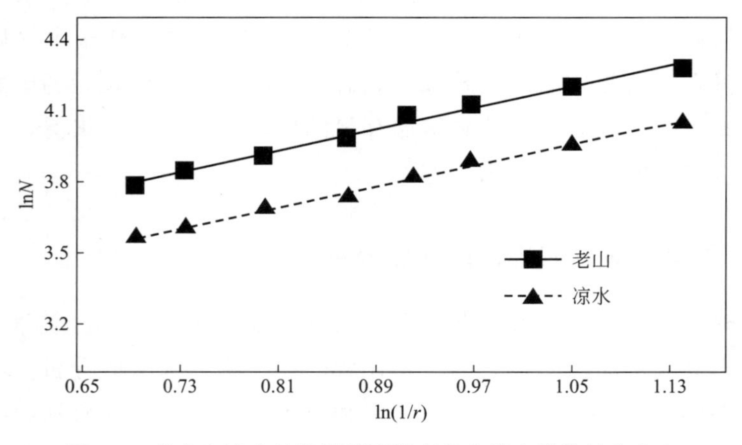

图 5-9 老山和凉水幼龄材碳素储存量曲线盒维数的点分布

曲线盒维数的点分布进行分析，其中老山幼龄材碳素储存量的分形维数为1.1244，凉水幼龄材碳素储存量的分形维数为1.1098，老山的幼龄材碳素储存量分形维数略微大于凉水；而且其线性相关系数分别为0.9917和0.9850，相关性亦显著。

5.2.2.2 早材碳素储存量

由表5-1中红松幼龄材碳素储存量曲线的分形维数及图5-10中老山和凉水幼龄材早材部分碳素储存量曲线盒维数的点分布图进行分析，可以看出，老山幼龄材早材碳素储存量的分形维数为1.0019，凉水幼龄材早材碳素储存量的分形维数为1.1298，凉水的幼龄材早材碳素储存量的分形维数大于老山；而且，其线性相关系数分别为0.9492和0.9894，相关性均显著。

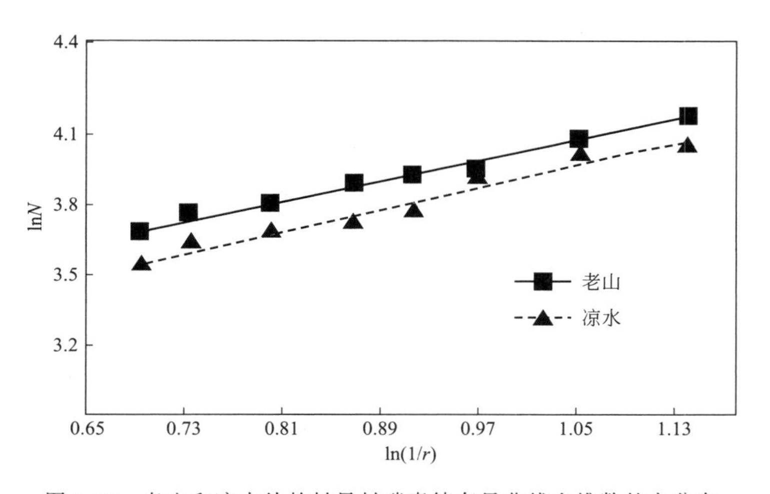

图5-10 老山和凉水幼龄材早材碳素储存量曲线盒维数的点分布

5.2.2.3 晚材碳素储存量

由表5-1中红松幼龄材碳素储存量曲线的分形维数及图5-11中老山和凉水幼龄材晚材部分碳素储存量曲线盒维数的点分布图进行分析，老山幼龄材晚材的碳素储存量的分形维数为1.1767，凉水幼龄材晚材的碳素储存量的分形维数为 1.1087，所以，老山的幼龄材晚材碳素储存量的分形维数略大于凉水；而且，其线性相关系数分别为 0.9602 和 0.9427，相关性显著。

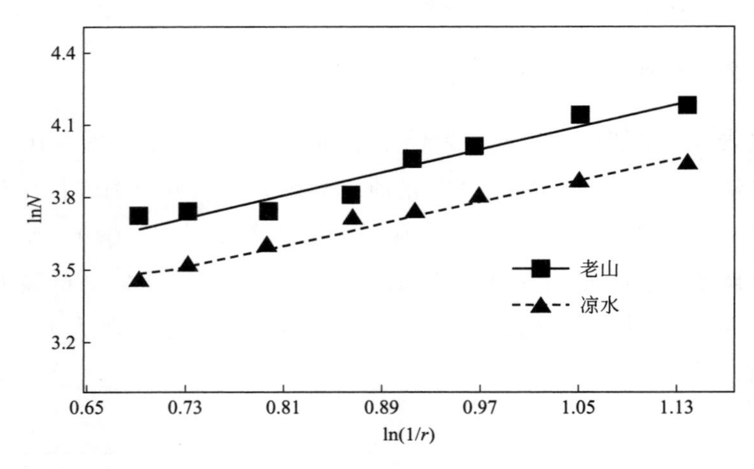

图 5-11 老山和凉水幼龄材晚材碳素储存量曲线盒维数的点分布

通过对老山生态站和凉水林场的幼龄材部分的碳素储存量分形维数进行对比分析，从中可以看出，凉水幼龄材早材部分的分形维数明显大于老山，而幼龄材碳素储存量和晚材部分的碳素储存量均略小于老山；而且，在一定范围内，分形维数越小，其内部复杂性和不规则性越小，由此可见，凉水幼龄材碳素储存量的不规则性小于老山，其梯度分布较老山变化幅度小。总体分析得出，就老山和凉水红松幼龄材碳素储存效果来说，凉水早材明显优于老山，而晚材和整个生长轮则略劣于老山。

5.2.3 成熟材碳素储存量的分形分析

在树木生长过程中，形成层原始细胞分裂速度减慢时，树木的生长渐渐趋于稳定，此时所形成的木材就是成熟材，它正是由形成层生理上成熟的原始细胞所形成的。老山生态站和凉水林场人工林红松成熟材碳素储存量曲线的分形维数分析见表 5-2。

表 5-2 红松成熟材碳素储存量曲线的分形维数

地点	指标	标准差	相关系数	分形维数
老山生态站	生长轮碳素储存量	0.158	0.9690	1.0125
	早材碳素储存量	0.159	0.9672	1.0169
	晚材碳素储存量	0.165	0.9896	1.0683
凉水林场	生长轮碳素储存量	0.161	0.9732	1.0298
	早材碳素储存量	0.184	0.9943	1.1893
	晚材碳素储存量	0.168	0.9656	1.0738

5.2.3.1 生长轮碳素储存量

由表 5-2 可见，所选红松成熟材碳素储存量的分形维数分布在 1.0125～1.1893，再结合图 5-12 中老山和凉水成熟材部分的碳素储存量曲线盒维数的点分布进行分析，其中老山成熟材碳素储存量的分形维数为 1.0125，凉水成熟材碳素储存量的分形维数为 1.0298；可见，凉水的成熟材碳素储存量分形维数高于老山，其线性相关系数分别为 0.9732 和 0.9690，相关性亦显著。

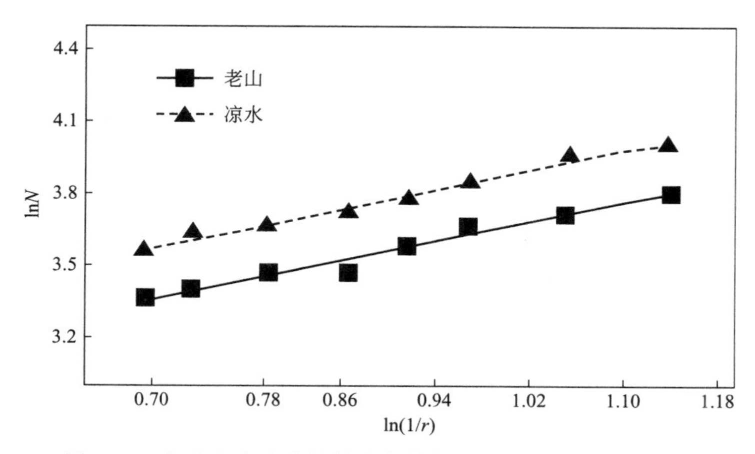

图 5-12 老山和凉水成熟材碳素储存量曲线盒维数的点分布

5.2.3.2 早材碳素储存量

由表 5-2 中红松成熟材碳素储存量曲线的分形维数及图 5-13 中老山

和凉水成熟材早材部分碳素储存量曲线盒维数的点分布图进行分析，可以看出，老山成熟材早材碳素储存量的分形维数为1.0169，凉水成熟材早材碳素储存量的分形维数为1.1893，凉水的成熟材早材碳素储存量的分形维数明显大于老山；而且，其线性相关系数分别为0.9943和0.9672，相关性均显著。

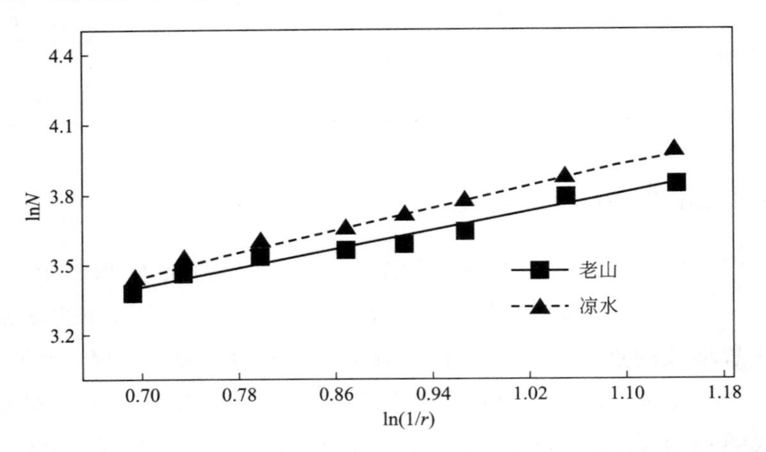

图 5-13　老山和凉水成熟材早材碳素储存量曲线盒维数的点分布

5.2.3.3　晚材碳素储存量

由表5-2中红松成熟材碳素储存量曲线的分形维数及图5-14中老山

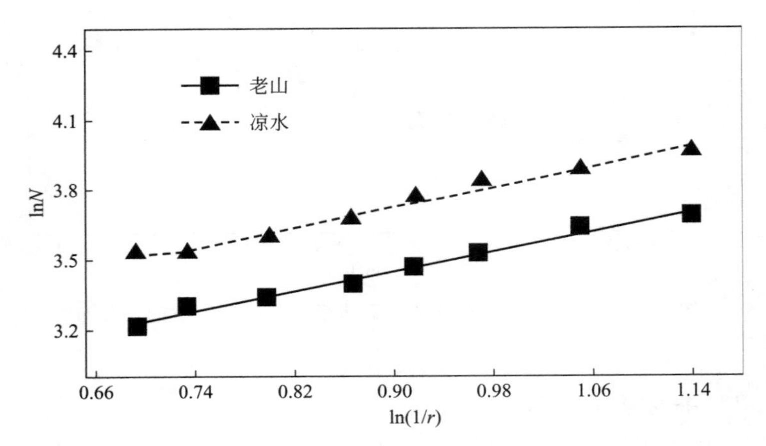

图 5-14　老山和凉水成熟材晚材碳素储存量曲线盒维数的点分布

和凉水成熟材晚材部分碳素储存量曲线盒维数的点分布图进行分析，老山成熟材晚材的碳素储存量的分形维数为1.0683，凉水成熟材晚材的碳素储存量的分形维数为1.0738，所以，凉水的成熟材晚材碳素储存量的分形维数大于老山；而且，其线性相关系数分别为0.9656和0.9896，相关性显著。

通过对老山生态站和凉水林场的成熟材部分的碳素储存量分形维数进行对比分析，从中可以看出，凉水成熟材早材部分的分形维数明显大于老山，且成熟材碳素储存量和晚材部分的碳素储存量均大于老山；可见，老山成熟材碳素储存量的不规则性小于凉水，其梯度分布较凉水变化幅度小。总体分析得出，就老山和凉水红松成熟材碳素储存效果来说，凉水优于老山。

再对红松幼龄材和成熟材碳素储存量的分形维数求平均值，凉水（1.1069）明显高于老山（1.0668），由此可见，不同地理位置之间的碳素储存量分形维数存在差异，凉水林场的红松木材碳素储存量的梯度分布较老山生态站复杂，而且，综合分析得出，凉水林场的红松木材碳素储存效果明显优于老山生态站。

5.3 不同坡向木材碳素储存量的分形研究[35]

5.3.1 木材碳素储存量的径向变异比较

阳坡与阴坡两地的人工林红松木材样本由于在地理条件、生长环境及树高等方面的差异，其碳素储存量在试验检测值方面就存在着直观的差异。

老山生态站中的阳坡与阴坡红松生长轮碳素储存量的径向变异规律见图5-8，分析得出，两地碳素储存量的径向变异趋势相似；阳坡木材碳素储存量的最大值出现在第19年，为5.65kg，阴坡木材碳素储存量的最大值出现在第18年，为5.98kg，从而选择第19年和第18年分别作为阳坡和阴坡进行分形研究时的幼龄材和成熟材的划分年限。

从图5-15～图5-17中可以看出，阳坡、阴坡的早材和晚材碳素储存量的变化规律相似，均自髓心向外至第18年左右呈波动性增加，整

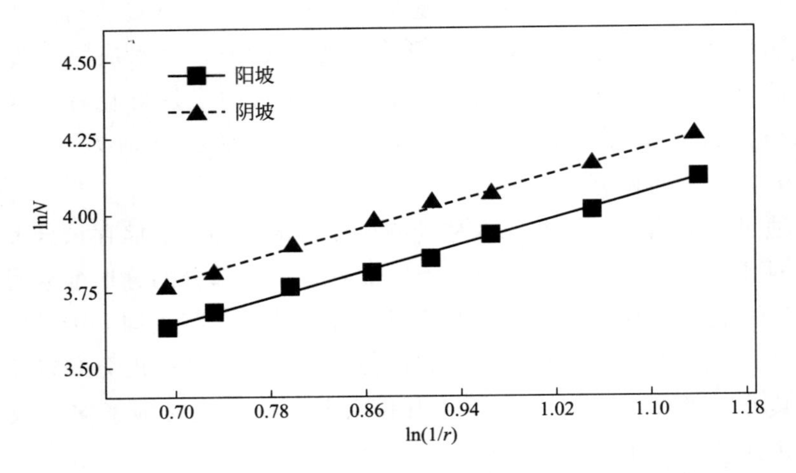

图 5-15 阳坡和阴坡幼龄材碳素储存量曲线盒维数的点分布

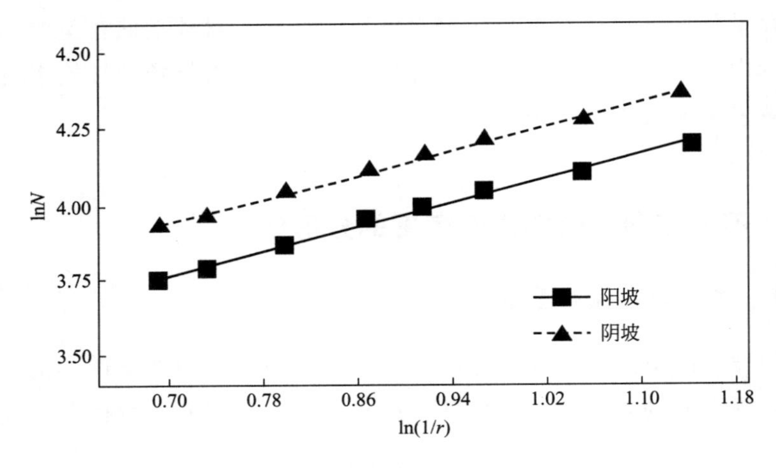

图 5-16 阳坡和阴坡幼龄材早材碳素储存量曲线盒维数的点分布

体的增加幅度较明显，从第 19 年左右开始即树木成熟后有减小趋势，最后趋于平稳状态。

总体分析得出，阴坡红松的早材碳素储存量基本略高于阳坡，而其晚材和生长轮碳素储存量与阳坡均成交替状态，且阴坡的生长轮碳素储存量在第 14 年之后略高于阳坡。而且，从碳素储存量的试验检测值来看，阴坡的碳素储存能力高于阳坡。

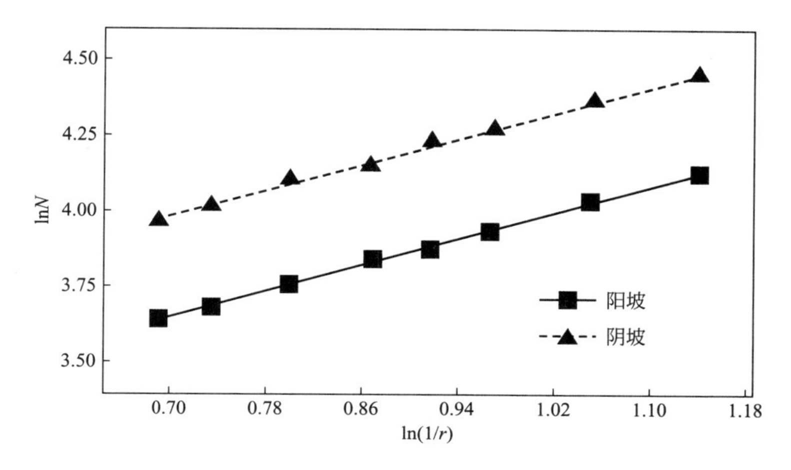

图 5-17 阳坡和阴坡幼龄材晚材碳素储存量曲线盒维数的点分布

5.3.2 幼龄材碳素储存量的分形分析

通过前文的分析，选用第 19 年和第 18 年分别作为阳坡和阴坡两地人工林红松幼龄材和成熟材的划分年限。老山生态站中阳坡和阴坡处的人工林红松幼龄材碳素储存量曲线的分形维数分析见表 5-3。

表 5-3 红松幼龄材碳素储存量曲线的分形维数

地点	指标	标准差	相关系数	分形维数
阳坡	生长轮碳素储存量	0.164	0.9964	1.0628
	早材碳素储存量	0.157	0.9960	1.0118
	晚材碳素储存量	0.168	0.9979	1.0911
阴坡	生长轮碳素储存量	0.169	0.9954	1.0909
	早材碳素储存量	0.156	0.9878	1.0038
	晚材碳素储存量	0.170	0.9945	1.1003

5.3.2.1 生长轮碳素储存量

由表 5-3 分析得出，所选红松幼龄材碳素储存量的分形维数分布在 1.0038～1.1003，再结合图 5-15 中阳坡和阴坡幼龄材部分的碳素储存量曲线盒维数的点分布进行分析，其中阳坡幼龄材碳素储存量的分形维数为 1.0628，阴坡幼龄材碳素储存量的分形维数为 1.0909，可见，阴坡的幼龄材碳素储存量分形维数略微大于阳坡；而且其线性相关系数，阳坡为 0.9964，阴坡为 0.9954，相关性均显著。

5.3.2.2 早材碳素储存量

由表 5-3 中红松幼龄材碳素储存量曲线的分形维数及图 5-16 中阳坡和阴坡幼龄材早材部分碳素储存量曲线盒维数的点分布图进行分析，可以看出，阳坡幼龄材早材碳素储存量的分形维数为 1.0118，阴坡幼龄材早材碳素储存量的分形维数为 1.0038，阳坡的幼龄材早材碳素储存量的分形维数略大于老山；而且，其线性相关系数，阳坡为 0.9960，阴坡为 0.9878，相关性均显著。

5.3.2.3 晚材碳素储存量

由表 5-3 中红松幼龄材碳素储存量曲线的分形维数及图 5-17 中阳坡和阴坡幼龄材晚材部分碳素储存量曲线盒维数的点分布图进行分析，阳坡幼龄材晚材的碳素储存量的分形维数为 1.0911，阴坡幼龄材晚材的碳素储存量的分形维数为 1.1003，所以，阴坡的幼龄材晚材碳素储存量的分形维数大于阳坡；而且，其线性相关系数，阳坡为 0.9979，阴坡为 0.9945，相关性均显著。

通过对阳坡和阴坡的幼龄材部分碳素储存量的分形维数进行对比分析，从中得出，阳坡幼龄材早材部分的分形维数略大于阴坡，而幼龄材生长轮碳素储存量和晚材部分的碳素储存量均小于阴坡；可见，阳坡幼龄材碳素储存量的复杂性和不规则性小于阴坡，其梯度分布较阴坡的变化幅度小。综合分析得出，就阳坡和阴坡红松幼龄材碳素储存效果来说，阳坡早材明显优于阴坡，而晚材和整个生长轮则略劣于阴坡。

5.3.3 成熟材碳素储存量的分形分析

本部分研究是对老山生态站中阳坡和阴坡处的人工林红松成熟材碳素储存量曲线进行分形分析，计算得出其分形维数见表 5-4。

表 5-4 红松成熟材碳素储存量曲线的分形维数

地点	指标	标准差	相关系数	分形维数
阳坡	生长轮碳素储存量	0.168	0.9964	1.0850
	早材碳素储存量	0.165	0.9950	1.0664
	晚材碳素储存量	0.170	0.9969	1.1039
阴坡	生长轮碳素储存量	0.171	0.9829	1.1027
	早材碳素储存量	0.170	0.9949	1.0967
	晚材碳素储存量	0.176	0.9978	1.1381

5.3.3.1 生长轮碳素储存量

由表 5-4 可见，所选红松成熟材碳素储存量的分形维数分布在 1.0664～1.1381，再结合图 5-18 中阳坡和阴坡成熟材部分的碳素储存量曲线盒维数的点分布进行分析，其中阳坡成熟材碳素储存量的分形维数为 1.0850，阴坡成熟材碳素储存量的分形维数为 1.1027；可见，阴坡的成熟材碳素储存量分形维数高于阳坡，其线性相关系数，阳坡为 0.9964，阴坡为 0.9829，相关性亦显著。

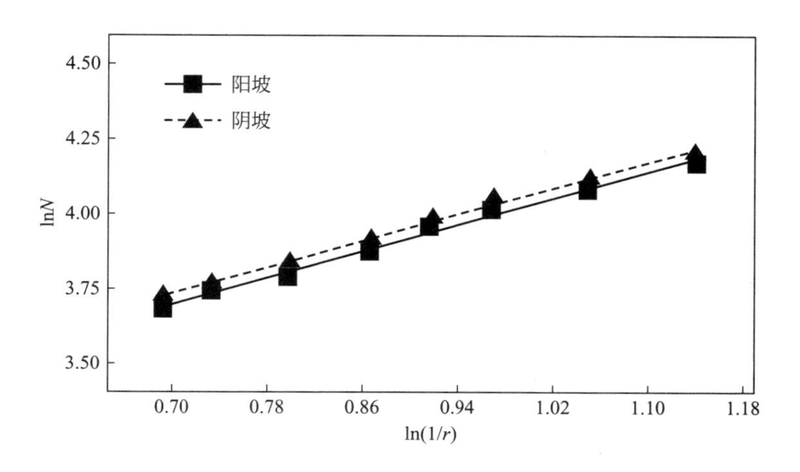

图 5-18 阳坡和阴坡成熟材碳素储存量曲线盒维数的点分布

5.3.3.2 早材碳素储存量

由表 5-4 中红松成熟材碳素储存量曲线的分形维数及图 5-19 中阳坡

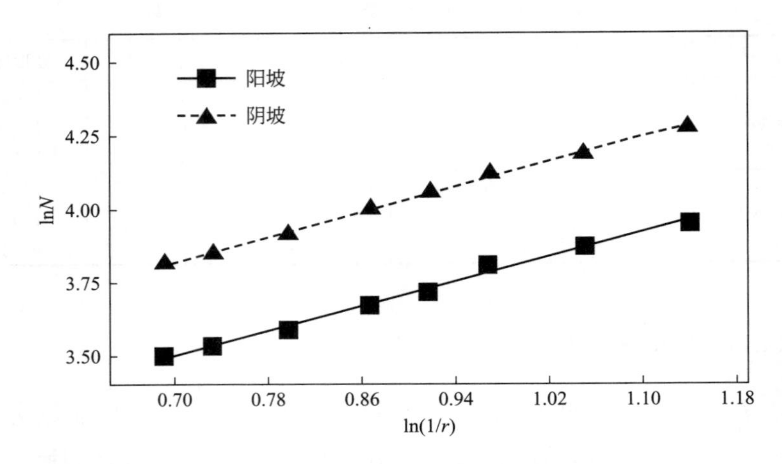

图 5-19　阳坡和阴坡成熟材早材碳素储存量曲线盒维数的点分布

和阴坡成熟材早材部分碳素储存量曲线盒维数的点分布图进行分析，可以看出，阳坡成熟材早材碳素储存量的分形维数为 1.0664，阴坡成熟材早材碳素储存量的分形维数为 1.0967，阴坡的成熟材早材碳素储存量的分形维数明显大于阳坡；而且，其线性相关系数，阳坡为 0.9950，阴坡为 0.9949，相关性均显著。

5.3.3.3　晚材碳素储存量

由表 5-4 中红松成熟材碳素储存量曲线的分形维数及图 5-20 中阳坡和阴坡成熟材晚材部分碳素储存量曲线盒维数的点分布图进行分析，阳坡成熟材晚材的碳素储存量的分形维数为 1.1039，阴坡成熟材晚材的碳素储存量的分形维数为 1.1381，所以，阴坡的成熟材晚材碳素储存量的分形维数大于阳坡；而且，其线性相关系数，阳坡为 0.9969，阴坡为 0.9978，相关性均显著。

通过对阳坡和阴坡成熟材部分的碳素储存量分形维数进行对比分析，可以看出，阴坡成熟材各部分的碳素储存量的分形维数均大于阳坡；可见，阴坡成熟材碳素储存量的不规则性大于阳坡，其梯度分布较阳坡的变化幅度大。并总体分析得出，就阳坡和阴坡红松成熟材碳素储存效果来说，阴坡优于阳坡。

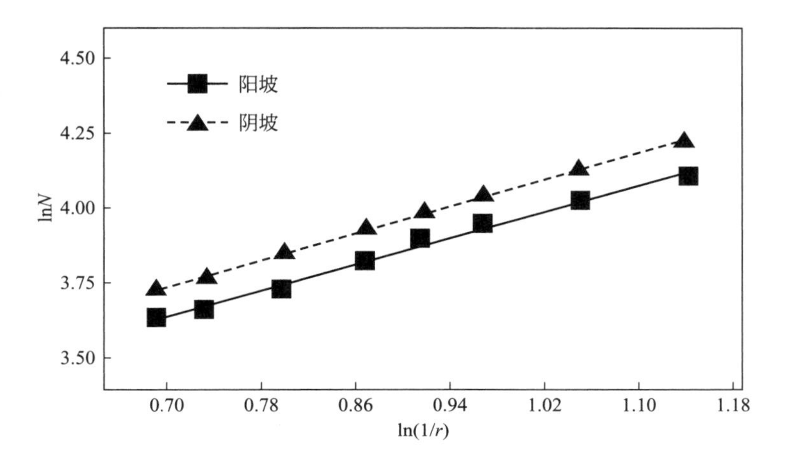

图 5-20 阳坡和阴坡成熟材晚材碳素储存量曲线盒维数的点分布

通过对阳坡、阴坡处的红松幼龄材和成熟材碳素储存量的分形维数求平均值，得出，阴坡（1.1125）明显高于阳坡（1.0851），由此可见，不同坡向之间的碳素储存量分形维数存在差异，阴坡的红松木材碳素储存量的梯度分布较阳坡复杂，而且，综合分析得出，阴坡处的红松木材碳素储存效果优于阳坡。

参考文献

[1] 陈广胜，郭明辉，黄冶．不同初植密度兴安落叶松人工林木材解剖特征的径向变异．东北林业大学学报．2001，29(2)：12-16.

[2] 费本华．分形理论在木材科学与工艺学中的应用．木材工业．1999，13(4)：27-28.

[3] B. B. Mandelbrot. Fractal: Form, Chance, and Dimension. San Francisco: Freeman, 1977.

[4] B. B. Mandelbrot. The Fractal Geometry of Nature Times. Books, 1982.

[5] B. B. Mandelbrot, D. E. Passoja, A. J. Paullay. Fractal Character of Fracture Surfaces of Metals. Nature. 1984, 308: 721-722.

[6] 褚武扬．材料科学中的分形．北京：化学工业出版社，2004.

[7] 朱志宝，白永强．分形几何及其应用［J］．价值工程，2012，31(35)：5-7.

[8] 刘卉．初探数学“怪物”——分形几何［J］．井冈山医专学报，2006，13（2）：72-73.

[9] 张济忠．分形［M］．北京：北京大学出版社，1995：101-102.

[10] 江泽慧，姜笑梅．木材结构与其品质特性的相关性．北京：科学出版社，2008.

[11] 谢和平，薛秀谦．分形应用中的数学基础与方法．北京：科学出版社，1997.

[12] 文志英，苏虹译．分形对象——形、机遇和维数．北京：世界图书出版公司，1999.

[13] 聂笃宪，曾文曲，文有为．分形维数计算方法的研究［J］．微机发展，2004，14（9）：17-19.

[14] 赵海英，杨光俊，徐正光．图像分形维数计算方法的比较［J］．计算机系统应用，2011，20（003）：238-241.

[15] 王丽．分形的研究与应用［D］．昆明理工大学硕士论文，2006.

[16] 江泽慧，费本华，阮锡根．木材密度曲线的分形分析．东北林业大学学报.2000，28（4）：1-3.

[17] 高峻，张劲松，孟平．分形理论及其在林业科学中的应用．世界林业研究.2005，17（6）：11-16.

[18] J. A. Redinz，P. R. C. Guimaraes. The Fractal Nature of Wood Revealed by Water Absorption. Wood and Fiber Science. 1997，29（4）：333-339.

[19] S. G. Hatzikiriakos，S. Avramidis. Fractal Dimension of Wood Surfaces from Sorption Isotherms. Wood Science and Technology. 1994，28（4）：275-284.

[20] 费本华．木材干缩的分形分析．林业科学．2002，38（1）：136-140.

[21] 王克奇，谢永华，陈立君．基于分形理论的木材纹理特征研究．林木机械与木工设备．2005，33（7）：19-20.

[22] 赵西平，郭明辉，闫丽．人工林落叶松木材早材宽度径向变异的分形分析．东北林业大学学报．2005，33（6）：47-48.

[23] 赵荣军，费本华，张波．杨树木材细胞腔径分布的分形表征．南京林业大学学报. 2008，32（1）：133-135.

[24] 罗蓓，赵广杰．木材细胞壁中纤维超微构造的分形特征．In：第二届中国林业学术大会——S11 木材及生物质资源高效增值利用与木材安全论文集．北京，2009：113-117.

[25] 宋莎莎，赵广杰．木材宏微观细胞堆砌构造图案的分形表征．北京林业大学学报. 2011，33（4）：102-106.

[26] 罗蓓，赵广杰．分形理论在木材科学领域中的应用．北京林业大学学报．2010，3：204-207.

[27] 谢永华，王克奇．基于分形理论木材表面缺陷识别的研究［J］．林业机械与木

工设备，2006，34（7）：21-22.

[28] 王晗，王克奇，白雪冰等．基于分形维木材表面粗糙度的研究［J］．森林工程，2007，23（2）：13-15.

[29] 郭明辉．木材品质培育学．哈尔滨：东北林业大学出版社，2001：90-92.

[30] 徐丽，朱南峰，徐长妍，管雪松，李大纲．木材构造图案的分形表征及其仿生设计［J］．家具，2018，39（03）：26-30.

[31] 孙静，郑义海，覃林海，符韵林．阴香木超微观构造分形美学图案设计研究［J］．西北林学院学报，2014，29（04）：222-226.

[32] 郑义海，罗建举．基于分形几何的木材超微构造美学图案设计与应用［J］．福建林学院学报，2014，34（02）：189-192.

[33] 郑义海．基于分形理论的木材美学图案设计与应用［D］．广西大学，2014.

[34] 张蕾，张求慧．家具用木材纹理的分形表征［J］．家具，2015，36（02）：22-25.

[35] 秦磊，郭明辉．不同坡向人工林红松木材碳素储存量的分形研究［J］．中国工程科学，2014，16（04）：34-39.

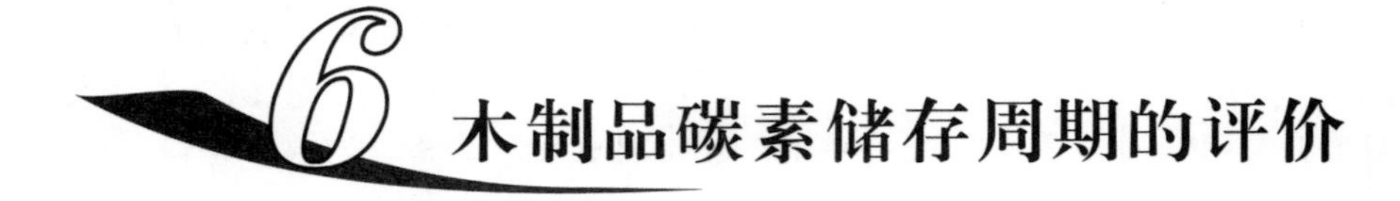

6 木制品碳素储存周期的评价

树木并不是一个稳定的碳素储存库，它会受到立地条件、气候条件和培育措施等因素的影响而产生变化，而采伐后的木材加工制成的木制品中也储存着碳，所以，木制品是木材储存碳素的另外一个阶段。2011年11月在南非德班所召开的有关全球气候变化的联合国会议（COP17）做出了一个非常重要的决定，就是要对木制品中碳素储存的新规划进行评价[1]。所以，本章针对木材的碳素储存功能，研究木制品的碳素储存，并通过分析木制品的生命周期，对其加工制造、使用等过程对环境的影响进行了评价，从而为有效评估木制品的碳素储存功能提供了理论基础。

6.1 木材碳素储存的延伸

6.1.1 木材的碳素储存与排放过程

为了降低碳排放量，需要清楚知道究竟是在什么地方消耗了多少碳，也就是木材的碳素储存与排放过程，而“足迹”一词更形象地说明了这一点，它正是由不断增加的二氧化碳等温室气体在消耗过程中所留下的痕迹，称为“碳足迹”[2]。

碳足迹（Carbon Footprint）是指企业机构、活动、产品或个人通过交通运输、食品生产和消费以及各类加工过程等引起的温室气体排放的集合[3,4]。木材的“碳足迹”有许多不同的定义，从产品评估出发，一般认为碳足迹是用于评估产品从原材料到成品的整个生命周期中温室气体排放水平的一种方法[5,6]。世界上第一个公开表明的碳足迹的具体的计算方法来自于PAS 2050标准中，主要是用以评估产品生命周期之内的二氧化碳等温室气体的排放[7]。

图 6-1 所示为木材碳素储存与排放的具体过程，即碳足迹的过程。可以看出，木材的碳足迹主要分 4 个过程，第一，树木在生长过程中，其光合作用大于呼吸作用，树木吸收二氧化碳多又快，称为“碳吸存”，当树木的呼吸作用与光合作用的碳量逐渐相近时，树木生长速度减慢，碳吸存渐渐变成了碳排放，所以，为了二氧化碳的减排工作，应选择树木合理的轮伐期，以增加其碳素储存量；第二，在伐倒木材、运输及木材加工生产的过程中，将会释放出一定量的 CO_2，此过程就是“第一次的碳排放过程”；第三，及时将木材加工成木制品后，通过科学保护，如进行阻燃和防腐处理等，可以减少碳素释放的机会，称为“碳储存的延伸”；最后，在使用木制品的过程中，由于细菌、真菌腐蚀以及昆虫啃食等原因会造成木制品的破损、开裂等现象，会释放部分二氧化碳，同时，在对木制品进行修复和循环加工利用时，又会释放出一部分二氧化碳，这个过程称为“第二次碳排放”，这整个过程便是木材的碳足迹。

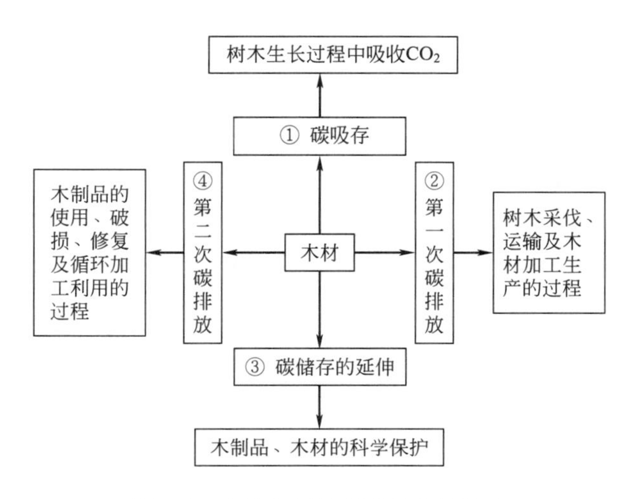

图 6-1　木材的碳素储存与排放过程

在木材碳素储存与排放的整个过程中，人工林木材经历了从生长到消亡并呈现碳吸存⟶碳排放⟶碳储存⟶碳排放的变化过程，从中可推知，提升林木的采伐效率，减少加工和运输过程中的碳排放量，增加木材的利用率及延长木质林产品的寿命等均会增加林木的碳素储存量[8]。又由于木制品在其生命周期中比其他材料排放二氧化碳等温室气体要少[9]，木制品的碳素储存作用很大；而且，如果要提高木制品的碳素储存量，延长木制品的使用寿命，在这个过程中，就需要采用并研发木材阻燃、木材防腐及木材强化处理等木制品保护技术，从而可以延长木制品的碳素储存周期，实现木材碳素储存功能的有效延伸。

6.1.2 木材保护技术

基于木制品是对木材碳素储存功能的延伸，而木制品在使用过程中发生的腐朽或燃烧现象会将原本储存的碳素以二氧化碳的形式释放到大气环境中，损耗能源且破坏生态平衡。所以，对木材进行防腐、阻燃、强化等保护处理是十分必要的。

6.1.2.1 木材防腐乙酰化处理

木材本身具有固有缺陷，如易被虫蛀、易腐朽、耐久性不好等。在木材保护技术中，采用木材乙酰化处理可以达到良好的防腐效果；其原理在于木材乙酰化后，会改变处理木材中主要组成成分的化学结构，同时，也改变了其平衡含水率，最终使得微生物所分解的酶不能对木材产生作用，极大提高处理后木材的耐久性、防虫性和防腐性。

在木材自身的增重率能够超过17%，就可以很好地抵抗这些来自于白腐菌、褐腐菌以及白蚁、各种真菌的侵蚀。在埋地实验中，未处理试件的寿命只有2.7年，而乙酰化单板层积木在增重19.2%时，其平均寿命长达17.5年。

6.1.2.2 木材阻燃处理

作为有机物的木材，其主要构成元素是由碳、氢、氧等，碳氢化合物含量高，并且极易受热分解，十分易燃，迄今尚无使木材在靠近火源时不燃烧的方法。有关数据表明，由木材等可燃纤维材料引起的火灾可达约21%，而因木材和木质材料缺乏耐火性所引起的住宅火灾高达约70%。因此，人们已高度重视对木材阻燃处理，避免不必要的损失，许多国家纷纷制定了相关的法律法规，强制要求高层建筑和船舶、车辆制造等用材进行阻燃处理。

公元前 4 世纪，古罗马人已知用醋液，以后又用明矾溶液浸泡木材，以增强其抗燃性。在古希腊、埃及和中国，也有用海水、明矾和盐水浸渍，以提高木材阻燃性能的。但直到 15～16 世纪，阻燃处理的方法都比较简单。到 17～18 世纪才开始有获得专利的阻燃剂和处理方法。但木材阻燃作为工业技术则迟至 19 世纪末 20 世纪初才首先在欧美一些先进国家得到发展，并形成了阻燃处理工业。20 世纪 40 年代，战争的需要加速了这一工业的发展；50～60 年代的阻燃剂仍以无机盐类为主，但采用了更多的、新的复合型阻燃剂，增强了阻燃效果。60 年代以后有机型阻燃剂、特别是树脂型阻燃剂得到发展，为克服无机盐类易流失、易吸湿等缺点提供了可能。

木材阻燃的要求是降低木材燃烧速率，减少或阻滞火焰传播速度和加速燃烧表面的炭化过程。据研究，木材燃烧时，表层逐渐炭化形成导热性比木材低（约为木材热导率的 1/3～1/2）的炭化层。当炭化层达到足够的厚度并保持完整时，即成为绝热层，能有效地限制热量向内部传递，使木材具有良好的耐燃烧性。利用木材这一特性，再采取适当的物理或化学措施，使之与燃烧源或氧气隔绝，就完全可能使木材不燃、难燃或阻滞火焰的传播，从而取得阻燃效果。

化学方法：主要是用化学药剂，即阻燃剂处理木材。阻燃剂的作用机理是在木材表面形成保护层，隔绝或稀释氧气供给；或遇高温分解，放出大量不燃性气体或水蒸气，冲淡木材热解时释放出的可燃性气体；或阻延木材温度升高，使其难以达到热解所需的温度；或提高木炭的形成能力，降低传热速度；或切断燃烧链，使火迅速熄灭。最常采用的方法是将木材通过一定的方法浸注到阻燃药剂中。良好的阻燃剂安全、有效、持久而又经济。

物理方法：从木材结构上采取措施的一种方法。主要是改进结构设计，或增大构件断面尺寸以提高其耐燃性；或加强隔热措施，使木材不直接暴露于高温或火焰下；或在木框结构中加设挡火隔板，利用交叉结构堵截热空气循环和防止火焰通过，以阻止或延缓木材温度的升高；或者利用表面涂覆的方法，在木材表面涂覆阻燃涂料，从而使得处理后的木材易燃性改善，延缓燃烧甚至是使其不易燃，这样处理后的木材，其耐火性能将被极大提高。

工业发达国家的木材防火或阻燃处理以化学方法为主，中国以往则多以结构措施为主，而后化学方法也有一定的发展。随着高层建筑、地下建筑的增多，航空及远洋运输事业的发展，以及古代建筑和文物古迹的维修保护等的日益受到重视，木材防火和阻燃处理的应用和改进将成为迫切需要。

6.1.2.3 木材强化处理

采用物理的或化学的方法加工或处理木材，使低质木材的密度（或表面密度）增大、力学强度（或表面硬度和耐磨耗性）提高，或整体力学功能提高，这种加工或处理过程称为木材强化。

木材的强化处理能够扩大其使用范围和用途，延长使用寿命。常用方法有浸渍法、浸注法、溶胶-凝胶法等。其中浸渍处理法是采用糖醛型 UF 树脂为表层处理剂，这能够提高速生材耐磨性和表面硬度；与未处理木材相比，其表面硬度可增加 266%，磨损值可从 0.12 降至最低点 0.001。真空浸注法，是以缓冲式脲甲醛树脂溶液作为配方试剂，利用真空浸注的方法将配方树脂预浓缩液一次性的注入木材中，溶液在木材中聚合而生成固化树脂；经 UF 树脂改性处理的木材，其增硬效果十分显著，同时，以稀土为注入剂也可以达到提高木材硬度的效果。溶胶-凝胶方法，是通过对木材进行表面的玻璃化处理，于木材表面涂玻璃层，在保持原纹理条件下，其自身的硬度最大可增加 90%，而木材的自身强度最大可提高至 120%。

6.1.2.4 木材热处理

木材热处理是一个宽泛的概念，包括木材的水热处理、软化处理、热作色（红榉工艺），加热干燥，满足检验检疫要求的出口木材包装材料的热杀虫工艺等，也包括目前被广泛使用的炭化处理。木材热处理是指在保护性气体环境中，在 160～250℃温度下，对木材进行短期热解处理的一种环保型木材物理保护技术，可以改善木材的尺寸稳定性、耐久性和颜色。热处理后木材性质的改变状况，很大程度上取决于木材树种的不同和工艺条件的差异。通常将热处理木材称为深度炭化，以区别于普通干燥材、表面炭化木或进出口检疫中热处理除虫后的包装用板材。

炭化木是经过炭化处理的木材，炭化，顾名思义，必须满足无水，高温的条件，为保护木材强度，控制炭化过程，必须有保护介质。户外使用炭化木必须满足212℃炭化温度的要求，炭化木分为表面炭化木和深度炭化木，深度炭化木也称为完全炭化木、同质炭化木，是经过200℃左右的高温炭化技术处理的木材。

炭化木使用注意事项：炭化木不宜用于接触土壤和水的环境；炭化木较未处理材握钉力有下降，所以推荐使用先打孔再钉孔安装来减少和避免木材开裂；炭化木在室外使用时建议采用防紫外线木材涂料，以防天长日久后木材褪色。炭化木的质量指标主要有木材平衡含水率，比未处理材低3%左右，干缩率小于5%，优于柚木的7%。

对木材进行干燥及高温热处理，能有效消除木材的内部应力，使得木材不容易受到外界环境湿度的变化而发生干缩或湿胀现象，进而提高木材的尺寸稳定性和耐腐性。研究结果表明，热处理后试材的C═O、—CH_3、—OH的数量随着热处理温度的升高以及热处理时间的增加而显著减少，促使木材尺寸稳定性提高，具有不变形、不开裂、防腐防虫等特点；同时，热处理能够引起木材的重量减少，这是因为，在木材的热处理过程中，半纤维素对温度较敏感，容易发生热解反应；另外，随着热处理时间的延长，尤其是在热处理温度超过180℃时，木材的材色逐渐加深，从而使木材纹理更突出，颜色较华贵，具有木质芳香气味，是理想的室内外装饰用材。

6.2 木制品的碳素储存

6.2.1 木制品的分类

研究表明，长期对森林进行合理经营可以将碳素有效地封存在木材内部，而且木材具有良好的物化性质和独特的环境学属性，将木材加工制成木制品，便有助于减少大气中二氧化碳的浓度[10]。而对于木制品，通过延长木制品的使用寿命，增加其碳封存的时间，则能有效提高储碳增汇的效率[11]。所以，木制品在木质资源的节约循环型社会中占有非常重要的地位。

根据目前对木质林产品的分类研究，主要是基于联合国粮农组织（Food and Agriculture Organization，简称FAO）对木质林产品的定义而进行的分类[12]，这种分类方法的数据比较容易获得，便于计算；本研究中将再结合产品的用途，对木制品的分类如图6-2中所示。

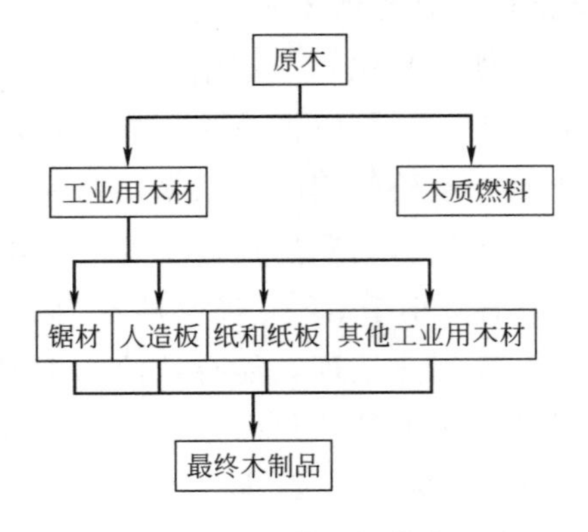

图6-2　木制品的分类

从木制品的分类可以发现，木材及木制品能够广泛应用于住宅建材、家具及造纸等领域。木制品虽然是木材碳素储存的延伸，但它不可能永远地储存碳。而国家每年能报废多少木制品，又如何计算其中的碳排放量，这是相对比较难的。

同时，在估算我国不同木制品碳素储存情况的变化时，参考已有研究成果，将具体参数之间的各转化因子列于表6-1。

表6-1　不同类木材和木制品的具体参数[13,14]

木材/木制品	基本密度 /t·m^{-3}	含碳率 /%	树皮比例	长期木质林产品比例	使用寿命 /a
工业原木	0.53	0.50	0.1	—	—
薪材	0.53	0.50	0.1	—	1
锯材	0.53	0.50	—	0.8	50
人造板	0.55	0.50	—	0.9	30
纸和纸板	0.90	0.50	—	0.7	20
其他工业用产品	0.60	0.50	—	0.5	25

6.2.2 木制品的碳素储存

木制品中也储存着碳，具有良好的碳素储存能力和环保特性，通过提高木制品的加工效率、延长木制品的使用寿命等方法，可以让木制品的碳素储存时间延长，从而有效减缓了温室气体的排放[15,16]。1988 年于塞内加尔召开了关于木质林产品碳储量计量方法学的研讨会，会上提出了替代 IPCC 缺省法的另外三种方法，即碳储量变化法、大气流动测定法和生产计量法[17]。2011 年在德班召开的全球气候变化国际会议（COP17）做出了一个划时代的决定，即评价木制品中碳储量的新规则。根据现行规则，在第一承诺期（2008～2012 年）按照森林采伐后木材被运出森林时计算排放到大气中的碳，但第二承诺期（2013 年以后）的新规则认为，森林之外的木材及木制品也继续储存着碳，因此决定在木材产品燃烧或报废时计算其碳排放。

森林采伐后，除枝叶等会残留在采伐迹地外，其余部分以原木和竹材形式被利用，经加工后制成伐木制品（harvested wood products，HWP）（又称木质林产品），因此，森林生态系统固定的一部分碳转移到伐木制品中。《联合国气候变化框架公约》（UNFCCC）将木制品、纸制品、竹藤类产品和能源用木材均作为伐木制品的一部分，这与联合国粮农组织（FAO）对伐木制品的定义基本一致[18～21]。除薪材当年燃烧释放碳外，其余伐木制品可储存较长时间的碳，尤其是被填埋的废弃制品可长期储存。此外，伐木制品还能替代化石燃料、钢铁、水泥等能源密集型产品，可在一定程度上减少碳的释放[22,23]。

国内外学者基于缺省值，利用大气流动测定法和储量变化法估算了木制品的碳储量，Pingoud 通过统计数据，进行系统分析，确定木制品的全球碳储量年增长为 40Mt[24]；阮宇等利用 FAO 的统计数据和我国所发布的统计数据，通过大气通量法、碳储量变化法及生产国法等方法，估计了我国木质林产品的碳储量及其变化情况[25]。

目前国外一些学者运用生命周期评价研究了木制品以及木质废弃品对温室效应的潜在影响，其中不仅能够评估二氧化碳的排放量，同时能够评估甲烷、氟化氢等温室气体的排放量，可对比分析不同加工方法的碳排量，且能够评估木制品加工过程中对环境的总影响。可见，该方法已经得到了全球的普遍认可，是目前研究发展的必然趋势。因此，可以采用生命周期评价的方法，对木制品碳素储存周期的碳排放进行评价，以全面了解木制品的碳素储存功能。

6.3 木制品碳素储存周期的评价

6.3.1 木制品的生命周期

6.3.1.1 生命周期评价理论的提出

生命周期评价（Life Cycle Assessment，简称 LCA）理论，是一种用于评估产品在其整个生命周期中，即从原材料的获取、产品的生产直至产品使用后的处置，对环境影响的技术和方法[26]。简言之，LCA 就是对某一个物体从其产生到消亡以及消亡后所产生的效应进行全过程的综合评价。

LCA 理论最先出现于 20 世纪 60 年代末[27]，到 20 世纪 90 年代初期时，其详细方法才由环境毒物学和化学学会（SETAC）和国际标准化组织（ISO）提出。SETAC 认为 LCA 是一种客观的方法。通过鉴定、量化原材料和能源的消耗，以及废物的排放，该方法可以评估出产品的生产过程给环境带来的负担[28]。ISO 认为 LCA 可以汇总、评估产品、生产工艺的能源消耗，以及环境废物排放情况，或对环境存在的潜在影响。而且，这种评价过程涵盖了产品的整个生命周期，包含原材料的获取、加工；产品的生产制造、运输和销售；产品的使用和维护；以及废弃物的循环和处置。

6.3.1.2 生命周期评价 LCA 研究的发展历程

从 20 世纪 60 年代末以来，生命周期评价的发展按照重要发展节点可以划分为四个重要的阶段[29]：即启蒙初生阶段、成熟完善阶段、国际标准化阶段及全球推广应用阶段，分别介绍如下。

① 启蒙初生阶段（1960～1970 年）：LCA 最早由美国中西部资源研究所（MRI）开始研究，其就可口可乐的包装瓶的资源使用进行了清

单分析，并就塑料瓶和玻璃瓶生产过程中所造成的环境排放进行了定量分析，这种研究即是最初的资源和环境状况分析（REPA），并为研究界定义为生命周期评价研究的启蒙出现的标志。

② 成熟完善阶段（1970～1990 年）：1984 年，瑞士“材料测试与研究实验室”逐渐创立了健康标准评估系统，并开始收集完善详细的清查数据库，并开发统一界面的计算机软件系统。因为当时的研究方法不统一，所需数据难以获得，所以 REPA 的相关研究一直进展缓慢。

③ 国际标准化阶段（1990～2000 年）：随着生命周期评价理论的推广和完善，相关资源和环境状况分析 REPA 的研究开始引起公众的广泛关注。1990 年时，国际环境毒理学与化学学会（SETAC）成功主持召开了第一届国际范围内的生命周期评价学术会议，并通过 LCA 研究界的不懈努力，使得生命周期评价国际标准于 1997 年由国际标准化组织（ISO）正式颁布实施。

④ 全球推广应用阶段（2000 年至今）：在 ISO 国际标准颁布实施之后，LCA 的全球化推广进程进一步加快，2002 年，联合国环境规划署（UNEP）联合 SETAC 发起了进一步国际化 LCA 的倡议书。2005 年，欧盟专门成立 LCA 研究平台，旨在帮助企业获得可靠的数据决策支持，并通过高质量的数据来帮助政府制定相关的公共政策。

6.3.1.3 生命周期评价 LCA 研究的应用

生命周期这一概念被比较广泛的应用，尤其常出现在经济、政治、环境、社会等等领域。对于某个具体产品来说，其生命周期就是从大自然中来，又返回到大自然中去的整个过程；关于生命周期的评价概念，就是系统地针对某事物从产生到灭亡最终消失后产生的影响的整个过程进行评价[30,31]。

与其他材料相比，木制品的生命周期能耗量和碳排放量是最低的，它源于森林资源，具有节能减排的先天优势[32～34]。而木制品只要没有腐朽，没有燃烧，就存在碳素储存功能，所以，延长木制品的使用生命周期，便可以延长其碳素储存的时间，有助于减少二氧化碳等温室气体排放量[35,36]。可见，通过评价生命周期，就可以评估木制品中二氧化碳的储存与排放[37]。

在任何木制品的生命周期中，都存在使用寿命，在寿命终止时便进入碳排放阶段。目前，对木制品的使用寿命还没有一个比较统一的标准，一般认为，薪炭材的使用寿命约为 1 年，纸和纸板类约为 20 年，实体木材类约为 40 年，而且，这只是一个平均值。如果木制品的使用寿命越长，则其生命周期就越长，木材的碳素储存周期也越长；所以，木制品的使用寿命与其碳素储存周期密切相关，较长的使用寿命同样是对碳素储存功能的一种贡献。

6.3.1.4 木制品的生命周期评价理论

LCA 理论是全球认可的一种生命周期评估法[38]；它主要用于评估和比较不同材料、产品等在整个生命周期中的投入和产出对环境所造成的影响，从资源的提取至运输、加工、使用、退役，直到最后的回收或焚毁处理都包含在这个生命周期中[39]。

基于 PAS 2050—2011 产品生命周期内温室气体排放量评估规范[40]，木制品的碳素储存期动态变化研究涵盖了原料的“投入⟶加工⟶产出”全过程，其生命周期评价原理就是通过对原材料、能源消耗及污染物排放量等因素的鉴定与量化来评估一个产品过程或活动对环境所带来的负担，如图 6-3 所示的人工林红松木制品的 LCA 全过程详解。从采伐时起，树木就终止了对自身碳素的固定，成为碳排放源，在这个过程中，碳排放不仅仅指树木自身分解所释放的碳，还包括在采伐以及运输过程中所产生的碳排放，以及在产品的加工制造过程、运销过程、使用过程、回收与再利用过程、报废处理过程等都会排放出二氧化碳。

近十多年以来，针对木材 LCA 的研究表明，木材在碳素储存功能、加工能耗及循环利用等方面，具有明显的环境友好优势[41]；例如，$1m^3$ 木材替代同体积的非木质材料，便可减少二氧化碳等温室气体排放量约 1.9t[42]；而且，经 LCA 评估显示，从环境的负荷值来看，在原材料的获取、生产加工、使用、废弃的整个过程中，木制品具有不可替代的低环境负荷值。

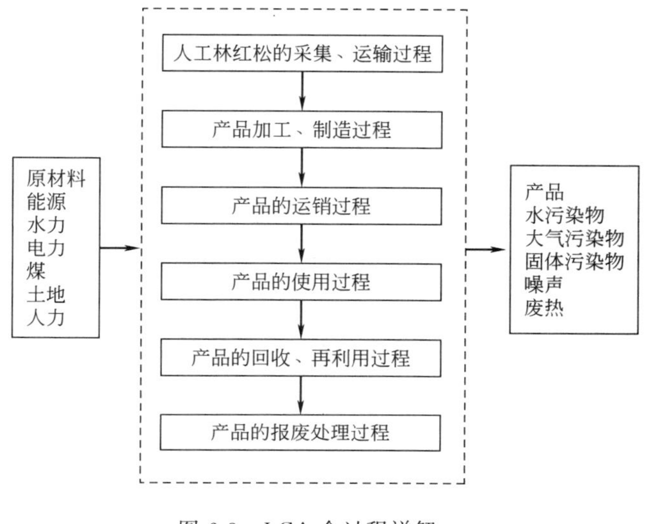

图 6-3　LCA 全过程详解

6.3.2　木制品碳素储存周期的评价

结合图 6-3，从全生命周期角度，木制品的活动包括原材料的采集、运输、加工制造、使用、回收与再利用、报废处理等；在每个过程中都有 CO_2 的排放，从其排放源上进行分类，包括进入一个活动过程的能源消耗和物质消耗的输入流，及离开一个活动过程的 CO_2 排放的输出流。而且，计算木材全生命周期 CO_2 排放的关键是在于收集和整理每个活动过程中 CO_2 的排放数据，包括活动数据和 CO_2 排放因子。

由于木材资源的回收和利用数据很少，下面将对回收和利用所带来的 CO_2 的清除过程暂不作详细讨论，只研究木制品全生命周期过程所带来的 CO_2 的排放过程。

通过张涛等[43]对建材 CO_2 排放量计算方法的比较分析，下面选用碳排放系数法计算木材 CO_2 的排放量，见式(6-1)。

$$M=Q\times C \tag{6-1}$$

式中　M——木制品 CO_2 排放量，kg/m²；

Q——活动数据即材料用量，t/m²；

C——排放因子，是正常技术经济与管理的条件之下，加工单位产品所排放出的CO_2量的平均值，kg/t。

6.3.2.1 木制品碳素储存周期CO_2排放计算模型

（1）木制品CO_2排放计算模型

为了便于计算，本研究将木材的采集、运输及加工制造过程作为木制品的生产阶段。而且，木制品全生命周期及生产阶段、运输阶段、处置阶段的CO_2排放量的计算模型[44]见式(6-2)～式(6-5)。

$$M=M_1+M_2+M_3 \tag{6-2}$$

式中　M——木制品全生命周期CO_2排放量，kg/m^2；

M_1——木制品生产阶段CO_2排放量，kg/m^2；

M_2——木制品运输阶段CO_2排放量，kg/m^2；

M_3——木制品处置阶段CO_2排放量，kg/m^2。

$$M_1=Q_M\times(1+\varphi_1)\times C_{M_1}\times(1-s) \tag{6-3}$$

式中　Q_M——木材的使用数量，kg/m^2；

C_{M_1}——木制品生产阶段CO_2排放因子；

φ_1——木制品因工艺损耗等因素造成废弃的废弃系数；

s——木制品的回收利用系数。

$$M_2=Q_M\times(1+\varphi_2)\times C_{M_2} \tag{6-4}$$

式中　C_{M_2}——木制品运输阶段CO_2排放因子；

φ_2——木制品因运输造成损耗的损耗系数。

$$M_3=Q_S\times C_{M_3} \tag{6-5}$$

式中　Q_S——木制品处置量，kg/m^2；

C_{M_3}——木制品处置阶段CO_2排放因子。

（2）CO_2排放因子的确定

在生产阶段，选择和确定木制品CO_2排放因子的方法时，首先应选取最接近真实状况的排放因子，或可比较的经验排放因子，或国际之间使用的平均排放因子等。

在运输阶段，木制品CO_2的排放因子采用推算的方法进行确定，见式(6-6)。

$$C_{M_2}=L\times P\times C_P \tag{6-6}$$

式中 L——木制品从加工工厂运送至销售现场的运输距离，km；

P——运输过程中的能耗，kJ/(t·km)；

C_P——运输过程中相应燃料的 CO_2 排放因子，kg/kJ。

在处置阶段，由于木制品可以回收再利用，则需要考虑到将其回收并运输至工厂及再生产过程中的 CO_2 排放，此阶段的 CO_2 排放因子计算方法见式(6-7)。

$$C_{M_3}=L'\times P\times C_P+C'_{M_3} \tag{6-7}$$

式中 L'——木制品从销售现场运送至回收工厂的运输距离，km；

C'_{M_3}——再生产过程中的 CO_2 排放因子，与 C_{M_1} 的值相近。

6.3.2.2 应用实例

下面以生产中密度纤维板为例，计算其所用木材在生产、运输、处置阶段整个生命周期内的 CO_2 排放量。

根据相关的工程结算资料[45]，我国南方城市中的某中密度纤维板厂，一般生产及加工 18mm 厚的中纤板所耗用的木材用量为 $1950kg/m^3$，即 $35.1kg/m^2$，$Q_M=35.1kg/m^2$，此用量已考虑工艺损耗及运输损耗，则 $\varphi_1=0$，$\varphi_2=0$；而且，加工 $1m^3$ 中纤板的 CO_2 排放量为 1779.66kg，即 $32.0kg/m^2$；所以，在生产加工阶段，根据实际情况，CO_2 的排放因子 $C_{M_1}=1779.66/1950=0.91$。另外，我国木制品的回收再利用系数为 60%左右，即 $s=0.6$。

在运输阶段，木制品是以公路和山路运输为主，即主要耗用汽油；再根据朱嬿等对住宅建筑生命周期能耗及环境排放案例的研究[46]，确定了木制品从加工工厂运送至销售现场的运输距离 L 及运输过程中的能耗 P；而木制品从销售现场运送至垃圾处置场的运输距离为 30km；汽油的 CO_2 的排放因子 C_P 是来自 IPCC 的缺省值，并乘以 44/12 得到。由此，可以计算得出木制品在运输阶段和处置阶段的 CO_2 的排放因子。

$$\begin{aligned}C_{M_2}&=L\times P\times C_P\\&=80km\times 3662kJ/(t\cdot km)\times 6.93\times 10^{-5}kg/kJ\\&=20.3kg/t\\&=0.0203\end{aligned}$$

$$
\begin{aligned}
C_{M_3} &= L' \times P \times C_P + C'_{M_3} \\
&= 30\text{km} \times 3662\text{kJ}/(\text{t} \cdot \text{km}) \times 6.93 \times 10^{-5}\text{kg/kJ} + 0.91 \\
&= 0.0076 + 0.91 \\
&= 0.9176
\end{aligned}
$$

基于我国木制品的回收再利用率为60%左右，便以木材使用量的60%作为木制品的处置量，则该企业生产中纤板所用的木材在生产、运输、处置阶段整个生命周期内的CO_2排放量为：

$$
\begin{aligned}
M &= M_1 + M_2 + M_3 \\
&= Q_M \times (1+\varphi_1) \times C_{M_1} \times (1-s) + Q_M \times (1+\varphi_2) \times C_{M_2} + Q_S \times C_{M_3} \\
&= 35.1\text{kg/m}^2 \times 0.91 \times 0.4 + 35.1\text{kg/m}^2 \times 0.0203 + 35.1\text{kg/m}^2 \times 60\% \times 0.9176 \\
&= 12.7764\text{kg/m}^2 + 0.7125\text{kg/m}^2 + 19.3246\text{kg/m}^2 \\
&= 32.8135\text{kg/m}^2
\end{aligned}
$$

6.3.2.3 木制品碳素储存周期的CO_2排放评价

上述实例中的木制品即中纤板在碳素储存周期的生产、运输、处置阶段的CO_2排放总量为32.8135kg/m^2，其中，约59%来自于木制品的处置及回收再利用阶段，39%来自于木制品的生产加工阶段，2%来自于运输阶段。由此，木材行业的减排工作主要是在生产加工、处置及回收再利用阶段。所以，有几点值得注意，一是应改进木材加工及回收利用的生产工艺，注重开发低碳技术，走低碳化生产路线；二是优化木材保护技术，提高处理材的防腐或阻燃性能，并研发低碳木制品；三是探究环保型胶黏剂及新型胶合技术，以降低木制品等对环境和人类健康的危害；四是探索木材加工的新方法，提高木材的综合利用率等；综合考虑，以上四点能够在一定程度上减少或避免木材中的碳素以各种形式释放到大气环境中，从而有效降低木材在生产和处置阶段的碳排放量。另外，在运输阶段，应尽量就近选择木材资源，采用低碳的运输方式，以达到减少木材在运输阶段能源消耗量的目的。

而且，在木制品的生产过程中，还应该重视固体废弃物、废水等物质排放对环境所造成的影响，对此，可以采取加强科学配料，优化加工工艺，采用节能设备，或将固体废弃物作为燃料等措施，从而能够减轻木制品的环境影响负荷，降低二氧化碳的排放量及浓度，并将有利于缓解温室效应与维护生态平衡。

参考文献

[1] 董恒宇，云锦凤，王国钟.碳汇概要.北京：科学出版社，2012.

[2] T. Wiedmann, J. Minx. A Definition of Carbon 'Footprint'. CC Pertsova, Ecological Economics Research Trends. 2007 (2): 55-65.

[3] A. C. Dias, L. Arroja. Comparison of Methodologies for Estimating the Carbon Footprint-Case Study of Office Paper. Journal of Cleaner Production. 2012 (24): 30-35.

[4] H. N. Larsen, J. Pettersen, C. Solli, et. al. Investigating the Carbon Footprint of a University-the Case of NTNU. Journal of Cleaner Production. 2011 (10): 1-9.

[5] 朱莉，李坚．追寻家具的碳足迹．家具．2012 (2): 105-107.

[6] M. Finkbeiner. Carbon Footprinting-Opportunities and Threats. International Journal of Life Cycle Assessment. 2009, 14 (2): 91-94.

[7] P. A. Specification. PAS 2050: Specification for the Assessment of the Life Cycle Greenhouse Gas Emissions of Goods and Services. BSI British Standards. 2011: 10.

[8] R. Houghton. Converting Terrestrial Ecosystems from Sources to Sinks of Carbon. Ambio. 1996, 25 (4): 267-272.

[9] J. Salazar, J. Meil. Prospects for Carbon-Neutral Housing: The Influence of Greater Wood Use on the Carbon Footprint of a Single-Family Residence. Journal of Cleaner Production. 2009, 17 (17): 1563-1571.

[10] G. L. Liu, S. J. Han. Long-Term Forest Management and Timely Transfer of Carbon into Wood Products Help Reduce Atmospheric Carbon. Ecological Modelling. 2009 (220): 1719-1723.

[11] W. A. Côt é, R. J. Young, K. B. Risse. A Carbon Balance Method for Paper and Wood Products. Environmental Pollution. 2002 (116): S1-S6.

[12] S. Hashimoto, M. Nose, T. Obara. Wood Products: Potential Carbon Sequestration and Impact on Net Carbon Emissions of Industrialized Countries. Environmental Science and Policy. 2002, 5 (2): 183-193.

[13] 白彦锋．中国木质林产品碳储量．北京：中国林业科学研究院．2010.

[14] IPCC. 2006 IPCC Guidelines for National Greenhouse Gas Inventories. Agriculture, Forestry and Other Land Use. 2006.

[15] O. N. Krankina, M. E. Harmon, J. K. Winjum. Carbon Storage and Sequestration in the Russian Forest Sector. Ambio. 1996, 25 (4): 284-288.

[16] A. C. Dias. The Contribution of Wood Products to Carbon Sequestration in Portugal. Annals of Forest Science. 2005, 62 (8): 902-909.

[17] S. Brown, B. Lim, B. Schlamadinger. Evaluating Approaches for Estimating Net Emissions of Carbon Dioxide from Forest Harvesting and Wood Products-Meeting Report. IPCC / OECD / IEA Programme on National Greenhouse Gas Inventories. 1998.

[18] United Nations. Framework Convention on Climate Change. Estimating, Reporting and Accounting of Harvested Wood Products. 2011-02-15.

[19] United Nations. Framework Convention on Climate Change. Report on the Workshop on Harvested Wood Products. 2011-02-10.

[20] FAO. Classification and Definitions of Forest Products. Rome: FAO, 1982: 27-36.

[21] Bai Y F, Jiang C Q, Zhang S G. Carbon stock and potential of emission reduction of harvested wood products in China. Acta Ecologica Sinica, 2009, 29 (1): 399-405.

[22] Green C, Avitabile V, Farrell E P, Byrne K A. Reporting harvested wood products in national greenhouse gas inventories: implications for Ireland. Biomass and Bioenergy, 2006, 30 (2): 105-114.

[23] Dias A C, Louro M, Arroja L, Capela I. The contribution of wood products to carbon sequestration in Portugal. Annals of Forestry Science, 2005, 62 (8): 902-909.

[24] Pingoud K. Harvested Wood Products: Considerations on Issues Related to Estimation, Reporting and Accounting of Greenhouse Gases. Final Report. UNFCCC Secretariat, 2003.

[25] 阮宇，张小全，杜凡等．中国木质林产品碳贮量．生态学报．2006，26 (12): 4212-4218.

[26] Hunkeler D, Rebitzer G. The future of life cycle assessment [J]. The International Journal of Life Cycle Assessment, 2005, 10 (5): 305-308.

[27] Allan Astrup Jansen, John Elkington, et al. Life Cycle Assessment (LCA): A guide to approaches, experiences and information sources. Report to the European Environment Agency, Copenhagen, 1997: 13.

[28] L Kornov, M Thrane. A Remmen, et al. Tool For Sustainable Development. Narayana Press. 2007.

[29] B. w. Bigon. Life-cycle assessment: inventory guidelines and principles. CRC Press LLC. 1994: 6-7.

[30] FAO. State of the World' s Forests 1997 Food and Agriculture Organisation of the United Nations. 1997.

[31] D. J. Gielen. Potential CO_2 Emissions in the Netherlands Due to Carbon Storage in Materials and Products. Ambio. 1997, 26 (2): 101-106.

[32] J. Perez-Garcia, B. Lippke, J. Comnick, et. al. An Assessment of Carbon Pools, Storage, and Wood Products Market Substitution Using Life-Cycle Analysis Results. Wood and Fiber Science. 2005 (37): 140-148.

[33] B. Schlamadinger, G. Marland. The Role of Forest and Bioenergy Strategies in the Global Carbon Cycle. Biomass and Bioenergy. 1996, 10 (5): 275-300.

[34] G. H. Kohlmaier, M. Weber, R. A. Houghton. Carbon Dioxide Mitigation in Forestry and Wood Industry. In: Carbon Dioxide Mitigation in Forestry and Wood Industry. Berlin: Springer-Verlag, 1998.

[35] F. Werner, R. Taverna, P. Hofer. Carbon Pool and Substitution Effects of an Increased Use of Wood in Buildings in Switzerland: First Estimates. Annals of Forest Science. 2005, 62 (8): 889-902.

[36] K. E. Skog. Sequestration of Carbon in Harvested Wood Products for the United States. Forest Products Journal. 2008, 58 (6): 56-72.

[37] P. Dwivedi, R. Bailis, A. Stainback. Impact of Payments for Carbon Sequestered in Wood Products and Avoided Carbon Emissions on the Profitability of Nipf Landowners in the US South. Ecological Economics. 2012: 63-69.

[38] 杨建新，王如松．生命周期评价的回顾与展望．环境科学进展．1998，6 (2): 21-28.

[39] 张智慧，尚春静，钱坤．建筑生命周期碳排放评价．建筑经济．2010 (2): 44-46.

[40] G. Sinden. The Contribution of PAS 2050 to the Evolution of International Greenhouse Gas Emission Standards. International Journal of Life Cycle Assessment. 2009, 14 (3): 195-203.

[41] J. Glover, D. O. White, T. A. G. Langrish. Wood Versus Concrete and Steel in House Construction: A Life Cycle Assessment. Journal of Forestry. 2002, 100 (8): 34-41.

[42] 美国阔叶木外销委员会对木制品生命周期评估研究的初步成果．木材工业.

2012，26（2）：57-59.

[43] 张涛，吴佳洁，乐云．建筑材料全寿命期 CO_2 排放量计算方法．工程管理学报. 2012（1）：23-26.

[44] 薛拥军，王珺．板式家具产品的生命周期评价．木材工业．2009，23（4）：22-25.

[45] 陈志林，傅峰，叶克林．我国木材资源利用现状和木材回收利用技术措施．中国人造板．2007，14（5）：1-3.

[46] 朱嬿，陈莹．住宅建筑生命周期能耗及环境排放案例．清华大学学报：自然科学版.2010（3）：330-334.

7 木材的绿色保障

7.1 木材的生态学属性

今天，人们已是被木结构和木制品包围了[1]。假如把纸张也计算在内，木材至少提供了5000多种产品。这是因为木材具有其他材料无法比拟的环境学特性，即木材具有良好的视觉特性、触觉特性、听觉特性和调节特性；由木材构成的空间，可以调节室内小气候，可进行生物生存和心理感觉的调节。由于木材具有生物结构，其独有的光泽，独特的颜色，千姿百态的花纹，给人们一种自然美的感觉和艺术享受，有益于人们的休憩、娱乐和健康；每当接触木材、注视木材时，使人们具有稳静感和舒畅感。

7.1.1 木材的自然美与艺术特性

大自然赋予木材的颜色、光泽、结构、纹理和花纹是独具匠心的，并且又因树种不同，部位不同以及切割方式不同而千变万化。它们朴实无华，给予人们以美的享受和艺术品位，当人们看到和接触它们时会有一种特殊的舒适感和愉悦感。

7.1.1.1 朴实的颜色

当我们用肉眼观察木材时会发现，木材的颜色是多种多样的。如云杉几乎是洁白如雪，乌木漆黑如墨，红胶木红褐色，黄杨木浅黄色，绿心木泛绿色等。木材颜色不但因树种而异，即使同一树种，也因产地、树龄及其他条件的不同而不同；就是同一株树木，也因取材的部位不同而有变化，如心材与边材的色调大有不同，不同的木材切面其颜色也有差别[2]。

中国人民自古以来就珍爱木材天然具有的香、色、质、纹等特性，并将其广泛地应用于建筑、家具和人居环境中。木材表面所呈现的不同颜色给予人们的视觉印象不仅是美的享受，而且由它所构建的生活、学习和工作空间有利于身心健康。

通过对木材颜色与人的心理感觉的关系测验得知，木材颜色会使受验者产生温暖感和舒适感。木材树种不同，其明度及色饱和度给人以不同的视觉感知。明度越高，明快、华丽、整洁、高雅的感觉越强；明度低，则有深沉、重厚、沉静、素雅的感觉。色饱和度高的木材则有华丽、刺激、豪华之感，而色饱和度低的木材给人以素雅、重厚、沉静的感觉。作为家具用材的上等材料均给人以温馨、优雅的视觉感受，如桦木、云杉具有稳重感，柚木、花梨木给予人们庄重感和豪华感。

木节（节子）本是树木生长过程中产生的天然缺陷，但木节的材色深于附近的正常材，独特的花纹和深重的颜色给人以美的刺激，有动态的飘浮感，赋予环境以豪华感。以前，东、西方人对节子曾有不同的印象。东方人一般认为节子是缺陷，有价廉质次的感觉；西方人对节子则有自然、亲切、高贵之感。基于感知和追求的差异，东方人要想尽一切办法消除材面上的节子，而西方人则设法寻找有节子的木材表面。现在则不然了，东方人的环境意识和审美观正在变化。东北落叶松木材的节子甚多，现在已成为家具、胶合板用材及室内环境装饰材料，而且倍受人们喜爱。

木材颜色的产生与变化受多种因素影响，主要有：①木材自身的化学成分中含有发色基因及其含有色素的木材抽提物；②在生长过程中，由边材转变为心材时的心材化作用；③周围环境，如微生物、光化学及氧化作用的影响等。

为了保障木材天然颜色的色视觉品质，在木材保管和木材加工中要注意采取各种生物的、物理的和化学的方法与技术防止木材的变色与褪色。

7.1.1.2 柔和的光泽

木材的光泽是指光线反射到木材上的光亮度，是木材反射光的性能，换言之是木材显示光泽的性质。木材有光泽或者暗淡决定于具有这种特性的程度。光泽的强弱与树种、木材构造特征、木材抽提物与表面物质、光线射至板面上的角度、木材的切面等因素有关。一般，具有侵填体的木材如檫木等常具有强的光泽；木材径切面对光线的反射较弦切面强，因为在径切面上具有许多反射光的射线斑纹；一些结构细、含有蜡质的木材，光泽较强。光泽比较强的树种如肾形果、山枣、栎木、槭木、桦木、椴木、红椿等，其劈开面或刨光面反射光较强，显得材色更加艳丽。

当一束光照射到木材、塑料、漆膜等非金属物表面之后，其反射光有一部分是在空气与物体的界面上反射，这部分称为表面反射；还有一部分光会通过界面进入到内层，在内部微细粒子间形成漫反射，最后再经过界面层形成反射光，这部分称为内层反射。内层反射实际上是极靠近表面层内部微细粒状物质间的扩散反射，与表面反射相比，更加接近于均匀扩散。由于选择吸收的原因，能显示物体的固有色[3]。

木材表面具有双层反射特性，使得木材具有独特的光泽。木材的光泽与反射特性直接相关，而木材的颜色决定于反射光的波长。在日常生活中，人们可以靠光泽度的高低来判断木材（或其他物体）的粗滑、软硬和冷暖。光泽度高的木材，给人的硬、冷感觉强些；而光泽度低且变化平稳的木材，给人的温暖感明显些。透明涂饰可提高木材表面的光泽度，使光滑感增强。由于清漆本身都不同程度地带有颜色，因此涂饰后会使木材的豪华、光滑、沉静等感觉增强。为此，人们愈来愈喜欢对木材家具和人居空间的装饰用材应用透明涂饰。

木材对光线具有吸收和反射特性。虽然紫外线（380nm 以下）和红外线（780nm 以上）是肉眼看不见的，但对人体的影响是不能忽视的。强紫外线刺激人眼会产生雪盲病；人体皮肤对紫外线的敏感程度高于眼睛。木材可以吸收阳光中的紫外线，减轻紫外线对人体的危害；同时木材又能反射红外线。这一点是木材使人产生温暖感的原因之一。在不同材质的工作面上辉度分布的比较中可以看出，木材的眩辉对比非常之小，可以大大地减轻眼睛的疲劳程度；有研究结果表明，在保持木材本身颜色（一般为浅黄色）的工作台面上，室内照度为 320lx 时，长时间阅读，没有疲劳感，学习效率高。可见，用木材制作的工作台（写字台）以其素有的品质，可以保障空间舒适，并有利于健康。

在家具涂饰上，对于一些特别名贵的木材，几乎不涂饰任何涂料，只在表面上打一层蜡，让木材保持其天色的色彩、质感。人们之所以喜欢这种自然状态的木材，主要在于木材的颜色及木材特有的肌理。这种肌理是以光泽感为主因，由材质感产生的。光泽感就是原本木材的光反射特性，由木材的表层反射及内层反射特性组合在一起产生。

住宅、办公室、商店、旅馆、体育馆、饭店等场所室内装修所用的木材用量比率（木材装饰表面积与总表面积之比，简称木材率），对人的心理感觉有直接影响。木材率的高低与人的温暖、沉静感和舒畅感有着密切关系。木材与金属材料、石材相比，显示出优越的环境学特性。在选择室内装饰材料时，也可依木材的光泽性质辅助判明外观形貌相似的两种木材。

7.1.1.3 天然的花纹

木材花纹常常与木材的解剖分子及其天然形成的生物结构密切关联。它是指木材表面上因纹理、结构、生长轮、木射线、轴向薄壁组织、导管、木纤维、木节、锯切方向及色素物质等因素所产生的自然图案。

木材花纹类型繁多，千姿百态，其类型变换与花纹形成的方式和原因而不同。归纳起来，主要由以下几种类型[4]。

① 由不同切面或切割方式所产生的花纹。由于生长轮内早、晚材的差异，木射线和轴向薄壁组织的宽窄变化等因素，采取不同的切割方法，使板面上呈现出各式各样的花纹。如：在旋切或弦锯木材时产生的花纹，旋切单板或弦锯板的表面花纹，一些生长轮明显的树种，如水曲柳、落叶松、马尾松等，由于早材和晚材致密程度不同，使木材弦切面显示抛物线或倒“V”形花纹；一些形状不规则的木段其弦切面常具不规则的同心圆图案。树基部分常有窝穴状或抛物线状图案。此外，诸如：刨切单板或径锯板的表面花纹，弧形或半圆形旋切单板的表面花纹，锥形旋切单板的板面花纹。

② 由不同纹理类型所产生的花纹。这种花纹是由于木材细胞排列

方向的变化所引起的。木材纹理有直、斜之别，在斜纹理中又有交错、波状或扭曲纹理之分，因此在木材的弦面或径面上产生多种美丽花纹。

③ 由材色分布不均匀所引起的花纹。此类花纹是由于木材中色素物质分布不均匀而产生的。在木材表面呈现许多颜色不规则的条纹或斑块，较木材的其他部分为深。如香樟，心材常杂有紫红褐色斑块或条纹。降香黄檀的红色心材内常杂有黑褐色条纹等。

④ 由人工镶拼所形成的花纹。利用木材表面不同的纹理人工镶嵌成各种不同的图案。镶拼用的单板或微薄木，多为花纹色泽美丽的阔叶树材，此外还有树基木、树杈木和树瘤木等。

由木材的颜色、光泽、纹理结构和花纹浑然一体，构成了木材的自然美；这种自然美或许带有一定的朦胧性，只有细心观察，认真品味，才能够更加深刻的认识和体会到它的内涵和魅力。其实，人们早已把木材之美应用于人居环境及人类活动频繁的场所，哪里有人群，哪里就有木材（或木制品）相伴。木结构建筑、木质家具、木地板、木壁板、木桥梁、木栈道、乐器、文具和儿童玩具等，比比皆是；那些能工巧匠还以木材为原料，将其雕刻、创造出各种工艺品，尽展木材的艺术风格。从下面展现的几幅图案（图 7-1～图 7-6）中可以更明晰地感受到木材的自然美和艺术性[5]。

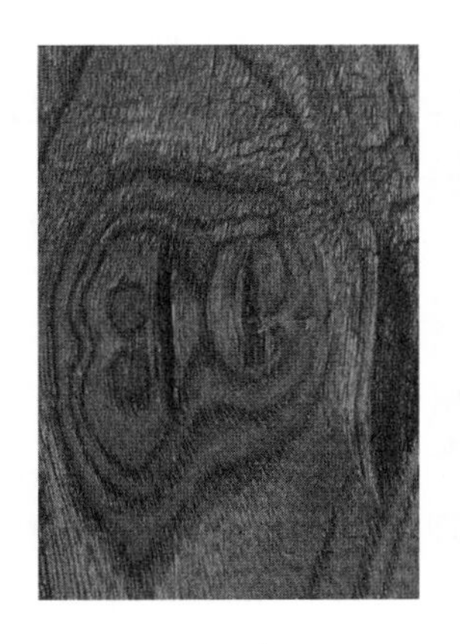

图 7-1 榉木

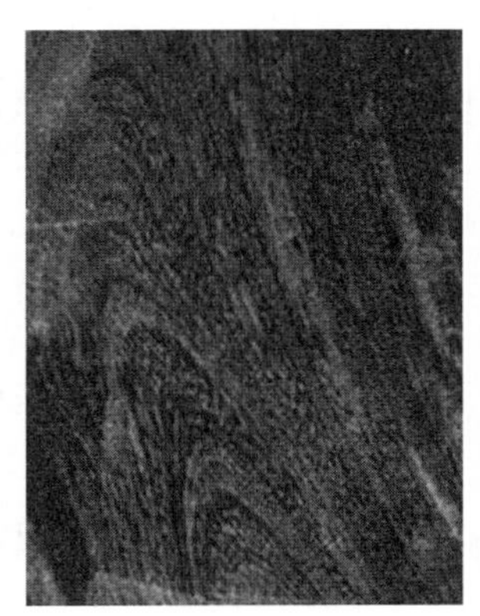

图 7-2 鸡翅纹（鸡翅木）

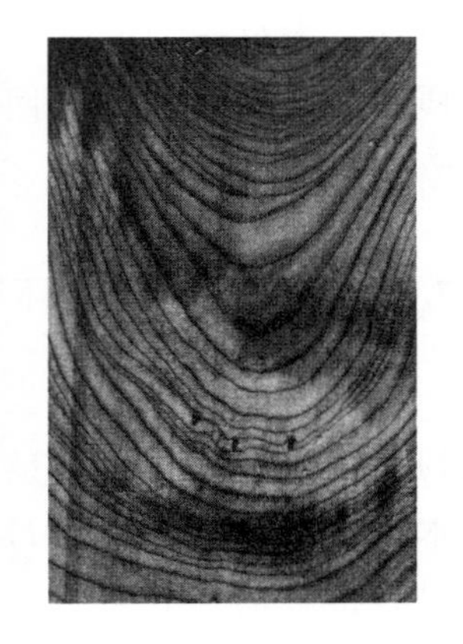

图 7-3 “V”形纹（金丝楠木）

图 7-4　火焰纹（红酸枝）

图 7-5　虎面纹（铁刀木）

图 7-6　蝴蝶纹（黄花梨）

7.1.2　木材的生物结构特性

木材是来源于森林的主产品“树木”，木材是一种各向异性的多孔性的毛细管胶体。木材科学是研究木质资源材料的解剖，材性及其相互关系，木质资源材料的加工利用，以及木质资源材料与环境的关系等的科学。木材作为天然的多孔性材料，吸声、隔声性能良好。因此，用木质材料装饰的住宅，回声小，隔声效果佳，被称为“会呼吸的房子”，给人以舒适的安静感。

7.1.3　木材与生态环境的相互关系

木材是一种具有生态学属性的材料，它是由几种天然高聚物形成的复合体，其中含有的生命元素——“碳素”占 50%之多。有人说，木材是陆地植物蓄量最大的碳素储存库不无道理。由于碳素在木材中以有机物的形式得以牢固的储存，起到了固碳减排的作用，从而有利于抑制生态系统中所产生的“温室效应”，保护着人类赖以生存的地球环境。

木材（或林产品）的固碳作用，可以直接抑制二氧化碳向大气中排放；木材作为替代材料或作为生物质能源，与其他材料相比，又可以间接地减少二氧化碳排放量。总之，木材的固碳减排，可以有效地抑制“温室效应”，以保障生态系统有益于人类的生活环境，有利于低碳经济的建设和发展。因此说，木材具有与生俱来的生态学属性，是一种与环境友好、净化和美化环境的绿色材料。

7.2 木材的环境学属性

木材具有天然的环境学品质，潜伏着至今尚未引起人们普遍关注的生态学属性，它是绿色环境和人体健康的贡献者。

7.2.1 环保的“4R”原则

日本曾在1990年提出发展3R型社会的基本方针，实现资源的循环利用，并且已经取得了很大的进展，积累了成功的经验。

继3R之后，中国香港环保署提出了“环保4R”，是以4个R为首的环保守则，又称为环保四用，是用来解决环境问题的四个原则。国际公认的环保“4R”是：Reduce（减少使用量）、Reuse（重复使用）、Recycle（循环使用或重制再用）和Recovery（回收再用，回收能源或改变化学性质再用），其主要用意是遵守“4R”守则，实现废弃物的回收利用，既创造新的价值，又减少了对环境的污染，保持节约、清洁的社会形象，其目的是将环境污染减到最低，同时又充分利用了废弃物资源。

7.2.2 木材是一种“多R”材料

木材是树木在天然环境中生长形成的一种绿色材料，是森林生态系统中储量巨大的一种生物质。树木在生长过程中，作为“生产者”（有生命部分）和环境（无生命部分）共处于一个生态系统之中。它们之间有着天然的密不可分的关联。树木被采伐后，其木质部就是木材。木材仍可视为是树木生命的延伸。因为木材保留着生长时形成的生物结构以及色、气、质、纹等天然形成的品质。比较环保“4R”守则的内涵和目的，木材及木质材料的利用比相同场合下使用的表现同一用途的其他材料更适应“4R”守则。就木材而言，还具有与另外2“R”(Regrowth、Replace)响应的特点。所以，与其他材料相比，木材拥有与环境和谐、永续利用和实现节能减排，利于经济社会可持续发展的“多R”特性[6]。

Reduce 木材易于加工。木材是一种硬度低、密度小、多孔性的植物纤维材料，具有良好的加工性能。对它可以进行任何形式的机械加工、功能性化学加工和表面装饰，在彼此之间及与其他材料之间容易进行良好的多种形式的连接，可以成型为家具、各种各样的木材制品及其木结构建筑等；应用高新技术和现代加工设备可以获得低消耗（资源、能量，加工费用等)、无污染和质量高的产品，会在加工利用中达到资源用量少和成品效率高的要求。

Reuse 使用多年的家具、木制品、木地板、木天棚及木壁板等，可以通过砂光、涂饰或简单修补等方法使之焕然一新，重复使用，这是其他一些材料所不能比拟的。由于木材极易进行各种修补性的加工，不但使原来的产品可以重复使用，而且也节省能源的消耗。

Recycle 木质废弃物具有广泛的来源，主要有两大类。第一类产生于加工产品、制品的全过程，主要有森林采伐剩余物、原木造材剩余物、木材加工剩余物（即三剩物)，也包括果壳、核等森林副产品的废弃物；另一类产生于人们生活中使用后作为垃圾被废弃的木质制品和木质纤维制品[7]。如此之多的木质废弃物，急需全面回收、重制，提高我国木材的综合利用率和综合利用的技术水平。随着科学技术的进步，我国相关领域的科技工作者和生产企业，针对木质废弃物的形态、尺寸等自身特点全面地进行了多种途径的重制利用，大大推动了我国林产工业的迅速发展，创造了巨大的经济价值，保障了国民消费，减少了环境污染。

Recovery 对木质废弃物而言，其内涵与Recycle相似，只是更有侧重于能源回收和经化学处理后再用。根据木材自身的性质，以下的两个“R”也顺应环境保护的需要，因此可以说木材拥有与环保守则相适应的多R特性。

Replace（替代） 以水溶性涂料代替溶剂涂料，以耐用的用具代替用完即弃的物品，尽量选用环保的代替品，例如可天然分解的清洁剂和垃圾袋，并使用毒性较弱的化学物质。在选择使用何种材料时，若比较加工或生产过程中所消耗的能源，木材具有鲜明的优势。如表 7-1 所示。

表 7-1 木材与常规材料能耗比较（相对比值）

国家	木材	水泥	钢材	铝材	塑料
美国	1	10	20	30	30
中国	1	5～7	27～40	300～400	34～45

Regrowth（再生长） 通过植树造林，加强森林经营管理，增加木材的年生长量，成熟后即可采伐利用，也可实现木材资源的永续利用。木材是四大建材中唯一在自然界可天然生长形成的有机材料，具有与环境友好，有益于人体健康等一系列优良的环境学品质，是人类生活中不可缺少的耐久性好的材料。而且，木材制品使用的生命周期很长，其废弃物可以经过不同的处理方法，按照环保“4R”的要求，可重复再用、循环使用，是响应环保守则的首选材料，并且在加工利用时还具有固碳、节能作用。

7.2.3 木材的多 R 特性与环境响应

构成木材的元素——50%的碳、43%的氧和 6%的氢。木材中碳素储量丰富，是陆地植物中蓄积量巨大、碳储量最高的生物质，是一种无公害、节能减排、可回收、可再生和循环利用的“多 R”材料。由于光合作用使树木吸收的 CO_2 以有机物的形式储存起来，固定在树木的各个部分，所以说，木材是树木全部生物量中碳素储存最多的寄存体（即碳汇）。

木材具有的多 R 特性与环境保护的要求有着紧密相连的一致性，为木材和林产品的低碳加工、利用及其发展低碳产业奠定了理论基础。面对着我国工业化和经济发展的进程，以低碳经济的理念和视角，须重新审视以往的木材工业发展沿革、技术和生产状况，查找与“低碳技术”、“低碳产业”水平的差距，加强木材工业的加工工艺、设备和节能减排的一体化研究和综合实施，卓有成效地推动木材工业的低碳经济发展进程。

7.2.4 木材的节能减排与环境效应

7.2.4.1 木材的节能减排

木材具有的多R特性与环境保护的“4R”守则有着紧密的关系，木材作为工业和生活用材比同种用途的其他材料更能彰显固碳减排、低碳节能的优越性。

木材是树木生长的主要产物，是森林资源中数量最多的生物量。因此，木材的固碳量在森林碳汇中占有相当的比例。树木采伐后，进行造材和制材，再由木材加工成家具等各种木制品或用于建筑材料等，无论是木材或木材制品或将其作为各种用途，均是森林固碳作用的延伸，则是将林木生长过程中所形成的碳，转变为以木材或林产品的形式予以储存。它们储碳的生命周期因用途和使用场所而异。据资料记载[8]，建筑用材一般可以储存时间长度在30～50年，甚至达到更长的时间；家具用材储碳时间长度要比建筑材短一些，一般为十几年到几十年，然后这些材料所储存的碳又会以各种形式回归到大气中；合成材尤其是合成板材储存碳的时间长度一般在10～25年；造纸材储存时间较短，但是由于废纸的循环利用，又可延长其储存时间。一般，造纸材储碳时间在数月到数年，有的更长（书籍用纸）；木材纤维及木材化工产品的储碳时间一般为2～5年。

木材作为生物质材料或制品的健康使用寿命愈长，其固碳的生命周期就愈长，就愈发延长了“大气二氧化碳（吸收）⟶森林碳汇⟶木材（木制品）固碳⟶大气二氧化碳（排放）”的循环链。抑制CO_2的排放，即减少排入大气中的“温室气体”。可见，木材的碳素储存功能与保护生态环境安全密切关联。

为了有效地延伸固碳周期和实现高附加值利用，须采取低碳工艺进行木材加工。诸如，人们以木材为原料，以不同形态、不同组合方式和加工工艺制成具有不同功能的木质复合材料。如木材-塑料复合材可提高原本木材的尺寸稳定性，木材-金属复合材可赋予木材电磁屏蔽功能，木材-无机物复合材可提高木材的阻燃性和抗生物危害性等。木质复合材不但可以使低质木材、小径材、废旧木材得以商效利用，而且具有鲜为人知的生态效应。木材、木质材料经复合加工后，能使碳素进行再次固定和封存，并且在整个加工过程中少产生 CO_2 排放，从而减轻“温室效应”，这是对人类生存环境的贡献。

7.2.4.2 木材的固碳功能与环境

为了保持和提高碳汇容量，对林木资源应注意采取以下技术措施。

① 加强现有林的经营管理，保证林木生长旺盛。因为在生长最旺盛的时期，正是光合作用最强劲，碳素形成最多的时期。

② 树木采伐后及时造材，及时运输，及时加工，以防腐朽分解。因为木材在山场或贮木场存放时间过长，由于木腐菌等微生物的侵入，可能导致木材腐朽变质，排出二氧化碳。

③ 要科学管护，提高木材的耐久性。特别在潮湿、高温或菌、虫活动猖獗的场所，要采取有效措施保护木材，以避免腐朽、变色和燃烧，提高木材的耐久性，延长木材的使用寿命，这就相当于延长固碳的生命周期，有助于固碳减排。

④ 提高木材的综合利用率。我国木材加工剩余物利用率较低，废旧木材、木制品数量巨大，经科学加工或处理后形成新的产品。这样，既提高了木材的综合利用率，又能减少碳素损失的机会，而得以重新固定。

⑤ 尽力采取节能、低碳加工技术加工木材及创造各类木质材料产品。某些具有潜伏性的毒性物质不用或拒绝超标用于人造板和家具制造等生产企业。

木材（或林产品）的固碳作用，可以直接抑制二氧化碳向大气中排放；木材作为替代材料或作为生物质能源，与其他材料相比，又可以间接地减少二氧化碳排放量。总之，木材的固碳减排，可以有效地抑制“温室效应”，以保障生态系统有益于人类的生活环境，有利于低碳经济的建设和发展。因此说，木材具有与生俱来的生态学属性，是一种与环境友好、净化和美化环境的绿色材料。

7.3 木材的智能性调节功能

由于木材自身的生物结构和形成物质，赋予了它某些具有智能性调节作用的性质。诸如：隔热性与温度调节，吸湿性与湿度调节，生态性与生物调节，以及具有吸声抗震、色泽柔和与感觉舒适等环境学特性[9]。下面重点阐述温度、湿度和生物调节功能。

7.3.1 木材的隔热性与温度调节

木质住宅在暑夏时具有隔热性，寒冬时具有保温性。木质墙壁可以缓和外部气温变化所引起的室内温度变化。在夏季，木质墙壁的房屋室内气温比普通墙壁房屋的室温低 2.4℃，在冬季高 4.0℃。因此，木造住宅具备防止夏季炎热或冬季寒冷的性能，即“冬暖夏凉”。以相同厚度比较，木材比混凝土或玻璃棉等隔热材料的隔热性能和温度调节性能好。王松永教授等在台北地区对所建混凝土红砖结构房屋的室温进行观察实验，房屋 A 用 9mm 厚杉木板材内装墙壁及天花板，地板为 12mm 厚柳桉材；房屋 B 为不加木材内装的对照组。经温、湿度的连续测试结果表明，室温日平均值在春、秋及冬季均为房屋 A 高于 B0.2～1.5℃，夏季则相反，房屋 A 的温度低于 B 0.1～2.0℃，有“冬暖夏凉”之效果[10]。

气温与人的外围温度有较大关系。为了保持 20℃左右的最适室温，不受外界明显变化的影响，地板、天窗，特别是墙体等应具有隔热性和适当的热容量。隔热效果比较好的有玻璃棉、泡沫混凝土等，更为优良的是较厚的木材壁。除气温之外，壁体辐射对快适感的影响很大。例如，以 9μm 为中心的红外线波，能使人感受到有如晒太阳一样。这是因为附近的室温接触到许多黑体辐射，木材的辐射率接近黑体辐射率。暖气表面的辐射，比起它们要稍高些，在金属和木材表面温度达到 80℃的情况下，增田研究了材料的辐射和人的舒适感和疲劳度间的关系。则元京等采用温度湿度自动记录仪对大型木造房屋的室内外的温、湿度进行测量，发现夏季室内外的温度变化较为平缓，而钢筋混凝土造房屋的温度变化范围较大，与秋季室内外温度差异相比，夏季室内外温差较小[11]。可见，木材具有较好的温度调节特性，用木材装饰的室内空间就像拥有了一台“天然的空调机”，自然调节室内温度。

7.3.2 木材的吸湿性与湿度调节

由于木材组分中含有大量的亲水性基因，又具有极为巨大的比表面积，使木材具有吸湿与解吸性质。当空气中的水蒸气压力大于木材表面水蒸气压力时，木材从空气中吸着水分，称其为吸湿；反之，则有一部分水分自木材表面向空气中蒸发，称为解吸。木材吸湿性的变化取决于木材的构造学特性、木材的化学组成及其所在周围环境的湿度与温度。

人们居住的室内空间，不希望湿度有过大的骤然变化，应稳定在一定的范围之内，这样才能使人们感到舒适。由于木材及木质材料在某种程度上能起到调节和稳定湿度的作用，因此人类自古以来就非常喜爱用木材作为室内装修或装饰用材。在通常情况下，如室内的木材用量较多，当室内温度提高时，由于木材可以解吸放出水分，因而其室内湿度也几乎保持不变；反之当温度降低时，室内湿度将相应升高，此时，木材可以吸收水分，而仍可保持室内的湿度不变。而当室内木材用量很少时，起不到调节作用，室内湿度较低时，空气便显得干燥，而湿度高但温度低时，室内则会有结露现象。可见，木材及木质材料对调节室内小气候起着一定的作用。

木材厚度对调湿作用的影响很大。当室内温度变化时，木材或吸收或放出水分，以调解室内的湿度，最终导致木材含水率发生变化。木材表层和心层含水率同样受着室内温、湿度变化的影响，但由于水分传导需要一定的时间，因此心层含水率变化将滞后于表层。同样，由于表层与室内空气直接接触，表层含水率的变化幅度也比心层大。实验结果表明，木材越厚，平均含水率的变化幅度越小。室内装修用木材的厚度具体应采用多大为宜，需要由实验来测定。从已有的实验结果来看，3mm厚的木材，只能调节1d内的湿度变化；5.2mm厚的可调节3d；9.5mm厚的可调节10d；16.4mm厚的可调节1个月；57.3mm厚的可调节1年。室内的湿度处于动态变化状态，它与外界湿度一样有其周期性的变化，大周期是以年为单位，再小一点是以季节为单位，更小一点则是以月或天为单位。要想使室内湿度保持长期稳定，必须要加大用材厚度，提高室内的木材拥有量[10]。

7.3.3 木材的生态性与生物调节

木材是一种具有生态学属性的生物质，与人的生命活动息息关联；环境是什么？环境是指赋予人的感觉及适当的刺激。那么，彼此形成了“木材—人类—环境”的关系。其中木材是这关系中十分重要的元素。

7.3.3.1 心理与生理应答

自古以来适于人类居住的木质环境，比较适合人们生理的、心理的需要。现在由于科学的发展，开发出各种新材料，工厂里的劳动环境，变成由人工材料代替了木质材料的新环境，这种环境下使从业人员在各种压力反应下产生疲劳，工作效率低下，其中主要原因是人对环境的心理应答不能油然而生。

由于木材仍保留着原生命体的幽雅的生物结构和宜人的环境学品质，所以常常用于制造家具、日常用品和室内装修；有时，人们也仿照木材的颜色、光泽、结构、纹理和花纹设计、制造一些全新复合材料用于室内设置。其内在的奥秘是什么呢？——木材的视感与人的心理生理学反应遵循 $1/f$ 涨落的潜在规则。

通过大量的试验研究，可以解释这个十分有趣的“人木合一”的内涵和科学意义。以木材（樟木）的横切面结构为例，说明木材结构的 $1/f$ 涨落特征。图 7-7 为樟木的横切面，其切片在显微镜下观察得到了横切面的显微构造照片。这是比较典型的阔叶木材的宏观构造，清晰可见导管和木纤维等细胞的排列状态和年轮宽度（年轮间隔）。在此照片上采用多数水平线扫描时，将水平线与细胞壁记为“L”，不相交点记为“O”，即可求出此波形的能谱（功率谱），如图 7-8 所示[12]。图 7-9 为人体心率间期的强度谱密度图，与樟木横切面显微照片的水平扫描功率谱图趋势相近。

具有 $1/f$ 波谱涨落特征的物体可视后使人感到舒适。木材具有天

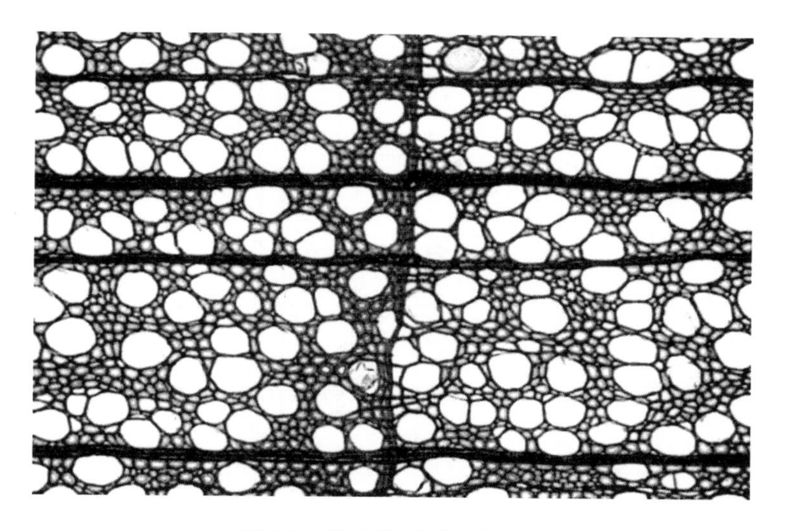

图 7-7 樟木横切面显微照片

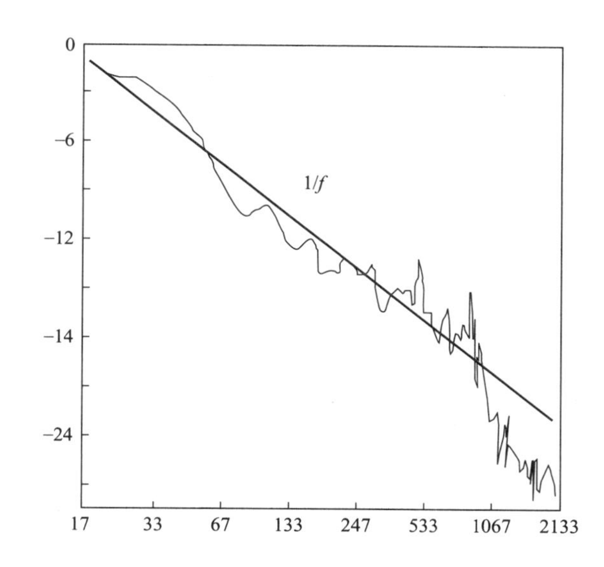

图 7-8 樟木横切面显微照片的水平扫描功率谱图

然生长形成的生物结构、纹理和花纹，还有独特的光泽和颜色，使人们在视觉上有自然感、亲切感和舒适感。因此，木质结构的房屋、木质家具和木质材料的内装，无一不得到人们的喜爱。

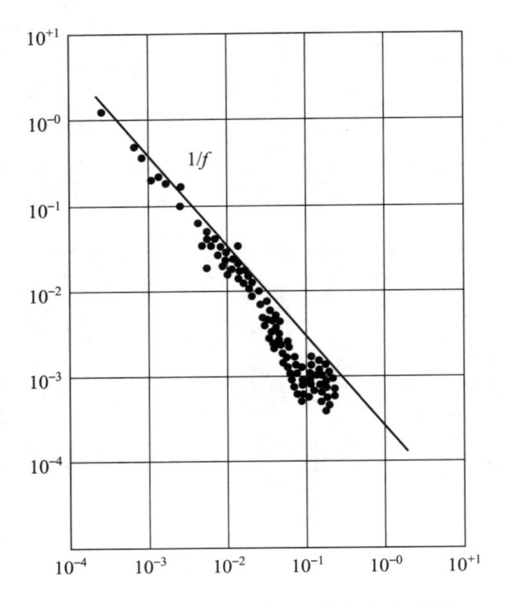

图 7-9　人体心率间期的强度谱密度图

随着科学技术的进步，人们模仿木材的结构纹理和花纹制造出多种多样的非木材（木质材料）产品，或者将珍贵木材刨切成薄木（甚至薄到微米级），将薄木粘贴到人造板或劣质木材表面上，其目的是让人们感到它们像木材一样的美丽。事实上，由于珍贵木材、花纹美丽的木材蓄积量的减少，这种仿木材制品也常常应用于室内装饰和公共场所之中，单从视觉而言，也具有良好的效果。因为在观察这些产品的表面性状时，人的心理感受也具有 $1/f$ 涨落特性。

7.3.3.2　木材与室内卫生

木材具有自然的独特的嗅觉品质（气味和滋味）。不同树种的木材，其气味和滋味也不尽相同。海南岛的降香木和印度黄檀具有香气，这是因为该种木材中含有具有香气的黄檀素，宗教人士常用此种木材制成小木条作为佛香。檀香木具有馥郁的香味，是因为木材中含有白檀精，它可用来气熏物品或制成散发香气的工艺美术品，如檀香扇等。此外，侧柏、肖楠、柏木、福建柏等木材也具有香味。樟科一些木材，如香樟木、龙脑香等常具有特殊的樟脑气味，因为该种木材中含有樟脑，用这种木材制作的衣箱，耐菌腐，抗虫蛀，可长期保存衣物。一些木材具有特殊的滋味。例如，板栗、栎木具涩味，肉桂具辛辣及甘甜味，黄连木、苦木具苦味，糖槭具甜味等。这是由于木材中含有带滋味的抽提物的缘故。

我国有着悠久、文明的木文化历史，保存百年、千年的古镇、古乡中的木结构建筑及庭院、卧室、厨房、餐厅中的木制品依然拥有优雅的环境学品质；当人们走进寺庙时，有的依然可以嗅到木材的香气。新建造的木结构住宅以及用实体木材设置的家具、日用品和室内装饰同样给人以清馨、卫生的感觉。因此，在装点人居空间时，要有选择地将拥有香气、具有卫生健康气息的木材进行科学设置。

（1）杀菌抑螨

木材中含有一类抽提物质——精油，在室温下能够挥发，具有杀菌、抑螨作用，也可以淡化室内存在的空气污染物质，如甲醛等有机挥发物等，从而达到净化室内空气，保证空间环境卫生的目的。

研究发现，杜鹃和冷杉木材对抑制黄色葡萄球菌、坚木和白桦木材对抑制流行性感冒的滤过性病毒均有明显效果。吴金村等对台湾扁柏与红桧木材精油的抗菌活性试验结果表明，红桧和扁柏心材精油具有不同的抑菌效果。王松永的试验是在混凝土建造的公寓中，原来铺置绒毯、地毯的房间，全部改铺成木质地板后，对铺置前后的螨类数目变化进行调查，结果表明，其螨类的数目减少至改装木质地板前的50%以下。相应的木材，对螨类增殖具有明显的抑制力。选择扁柏、柳杉、铁杉、云杉、花旗松、美国西部侧柏和铅笔柏七种木材进行了螨类培养增殖试验，试验结果表明，扁柏与铅笔柏对于螨类增殖有良好的抑制功效，其中扁柏木材的效果最佳，因为扁柏中含有的精油对螨类有较强的抑制作用[10]。

（2）减少辐射

建筑过程和装修时所用的混凝土和石材，常用在地板和墙壁上，而石材中常含有辐射性元素——氡。此外，冬季施工的建筑物，为了防止混凝土在低温下结冻，施工人员在混凝土中添加了一些防冻剂，其中主要是富氨类化合物，还有些涂料、染料等所含有的刺激性物质。这些辐射性和挥发性有害物质影响室内空气质量且日复一日地、无形地伴随着人的生活、学习和工作，给人以危害，尤其是氡的辐射应引起人们普遍关注。氡辐射源于氡的裂变行为。α 射线，对生物体有很强的电离作用，尤其是对人的支气管上皮组织，会使其染色体突变而引起肺癌。降低室内氡浓度最简单、有效的办法就是经常开启门窗，使室内外空气对流，从而稀释室内氡浓度。因为木结构建筑的住宅氡的浓度远远低于砖混结构和钢混结构，混凝土、石材类材料比木质材料的氡放射量高达数十倍。因此，应该相应增加室内木材设置，如地板、天花板、墙壁板等应尽量多的使用木材或木质材料。对于已经形成的混凝土和石材类地面、墙壁可采用木板或木质人造板贴面的方法屏蔽氡的辐射[13]。

综上所述，木材（包括无污染的木质人造板及各类木质基复合材料）用于室内微环境中，显示出其优越的嗅觉品质，并具有杀菌、抑螨、减少辐射的作用，净化室内环境，有益人体健康。因此，设计师们要以保护人类健康为宗旨的“绿色设计”为理念，科学合理地在室内空间设置木材（木质材料），以更好地构建清新、卫生的人居微环境。

（3）对生物体生长发育的影响

一些研究者以小鼠为研究对象，探寻木材和木质材料对动物体生长发育的良性调节功效。

由木质形成的环境可以调节动物的生存状态。佐藤就生物体调节与木质环境的影响，通过小鼠的饲养提出了研究报告。小鼠的饲养箱共选择了木材、混凝土、铝 3 种，铺于地板的材料有木材碎片及塑料膜，共组合了 6 种饲育条件，涉及小鼠的 3 代，其中主要是小鼠的日常生活、性周期、妊娠、生产等情况。各种饲育条件都不改变，但是经过一定时间观察，其生产结果却不相同。在生产的 89 例小鼠中，有 20 例生育异常是发生在混凝土和铝制箱中，在木质的铺上木材碎片地板的饲育箱中，没有一例生育异常。可见，经过 3 代的观察，木质环境的饲育条件对于小鼠的生产、保育是能够起到良好调节作用的。从小鼠的活动轨迹模式来看，在木制饲育箱中育成的小鼠生活安定，在混凝土制的饲育箱中小鼠生活不安定。如图 7-10 所示。

赵荣军等以中国北方常用的针阔叶材树种（红松、冷杉、白桦、水

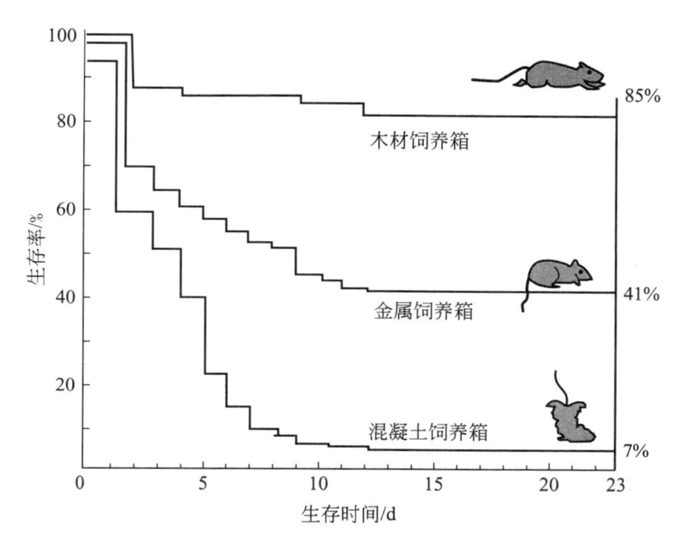

图 7-10　不同饲养箱里生活的小鼠的生存率情况

曲柳)、两种人造板（三合板与中密度纤维板)、铝皮和混凝土为基本材料，制作相同尺寸的饲养箱，进行小鼠生长、发育和繁殖的对比试验研究工作，侧重分析不同的居室小环境对小鼠生长因子、生理指标及机体免疫力等健康状况的影响，探索不同层次的居室环境与动物体的生理反应特性和健康水平之间的相关关系[14~19]。研究结果表明：在木质饲养箱内小鼠发育正常，生殖率和存活率高，躯体健康，行为活泼。这是因为木材及绿色木质材料具有调湿、调温、隔热、吸收紫外线等多种智能性功能，所形成的微环境有利于动物体自身的生理调节，有利于动物体的生长、发育和繁殖，所以，由木材构成的木质生活空间优于其他材料构成的空间。

据报道，人的出生率与居住环境有关。在由 40 岁以下的父母亲所组成的家庭中，18 岁以下的小孩人数，木质住宅为 2.1 人，混凝土造住宅为 1.7 人，出生率与住宅的木材占有率有较高的相关性。长期居住在木造住宅中可以延长人的寿命。据调查，木造住宅居住者死亡年龄的平均值较钢筋混凝土造住宅居住者高 9～11 岁。可见木质环境具有一种利于人类健康的神奇力量[20]。

7.4 木材是绿色环境人体健康的贡献者

7.4.1 木材与绿色环境生态效益

木材作为碳素固定和储存的载体，对减排二氧化碳和减弱“温室效应”，保障环境和生态文明具有十分重要的意义。在进行木材加工和利用过程中，须进行科学设计和规划，实施科学防护和综合循环利用，体现木材应有的生态价值和多种效益；在现有森林的营护中，要保障树木生长最旺盛时期达到最大限度的碳汇容量，精心注意扩大和培育好人工林木，提升木材质量，以持续增加碳汇能力。让大自然赋予人类的宝贵财富——木材及其林产品，发挥其多功能、高性能，保障人们高质量的生活、学习和工作的环境。

据联合国政府间气候变化问题研究小组（IPCC）的气候报告指出：“即使采取措施减少二氧化碳的排放量，仍不能阻止气温继续上升的步伐，未来的气候前景非常暗淡。”科学家们首次将全球气候变暖由人类活动造成的可能性从66%提升到了90%。这足以说明保护生物质资源，科学地加工和利用，减排二氧化碳，是对世界和人类的贡献。

众所周知，木材取于自然，用于人类。木材作为家具、纸张、住宅之用与人类活动、居住环境息息相关，作为木材基复合材料愈来愈受关注。利用木材固定和储存碳素，是保障绿色环境的基本措施，是提高生态效益的有效途径。

7.4.2 木材与人体健康

简单地说，住宅是休养和“充电”的场所，工作单位是劳动和“放电”的场所。居室内导入何物会对人们的身心健康有利呢？可以肯定地说，首选物件就是木材，木材有益于健康。木材依树种不同，具有不同的香气与色调。例如：花柏的香味很浓，用花柏建造的居室，因花柏中散发出来的松烯类化合物可在几年内不见蚊子靠近；松木有消炎、镇静、止咳等作用；杉木会刺激大脑而使脑力活动更活跃；银杏对治疗高血压有益；白桦具有抗流行性感冒之功效；冷杉和杜鹃能杀灭黄色葡萄球菌等。总之，木材视觉和嗅觉特性使人感到舒服，木材中含有的挥发成分或抽提物质具有抗菌和杀菌作用，可以保障人们健康。因此，在木材和木质材料构成的居室中生活。可以真正享受回归自然的欢乐，真正做到“人”＋“木”＝“休”。人们经过休憩和欢乐，可以全身心地投入工作，提高工作效率和工作质量[21]。

综上所述，木材源于自然，拥有大自然赐予的诸多生态学属性，构建了舒适的人居空间，是绿色环境人体健康的贡献者。对木材而言，我们要珍爱它的绿色品质，有效地减少人为破坏，实施科学保护、合理加工和有效利用，使它的生命延续与人类的生命活动紧密连接在一起。

参考文献

[1] 李坚．木材保护学［M］．北京：科学出版社，2006.

[2] 张广仁，李坚．木材涂饰原理［M］．哈尔滨：东北林业大学出版社，1990.

[3] 李坚．木材科学［M］．北京：高等教育出版社，2002.

[4] 周鳌．中国胶合板用材树种及其性质［M］．北京：中国林业出版社，1985.

[5] 罗建举．木材美学引论［M］．南宁：广西科学技术出版社，2008.

[6] 李坚．木材对环境保护的响应特性和低碳加工分析［J］．东北林业大学学报，2010，38（06）：111-114.

[7] 刘一星．木质废弃物再生循环利用技术［M］．北京：化学工业出版社，2005.

[8] 李顺龙．森林碳汇问题研究［M］．哈尔滨：东北林业大学出版社，2006.

[9] 李坚．木材科学研究［M］．北京：科学出版社，2009.

[10] 王松永．木质环境科学［M］．台北：国立编译馆，2004.

[11] 山田正．木质环力科学［M］．日本大津：海青社，1986.

[12] 武者利光．自然界的涨落现象［M］．日本东京：NHK 出版社，1995：32-66.

[13] 刘一星．木质环境学［M］．北京：科学出版社，2007.

[14] 李坚，赵荣军．木材与环境［M］．哈尔滨：东北林业大学出版社，2001：37-50.

[15] 赵荣军，李坚，刘一星，等．木材对生物体调节特性的研究（Ⅰ）：冬季条件下不同内装环境对小白鼠生长的影响［J］．东北林业大学学报，2000，28（4）：72-74.

[16] 赵荣军，李坚，刘一星，等．木材对生物体调节特性的研究（Ⅱ）：春夏季条件下不同内装环境对小鼠生长的影响［J］．东北林业大学学报，2002，30（3）：24-28.

[17] 赵荣军，刘一星，李坚，等．木材对生物体调节特性的研究（Ⅲ）：秋季条件下不同内装环境对小鼠生长的影响［J］．东北林业大学学报，2003，31（6）：9-12.

[18] 赵荣军，李坚，方桂珍，等．木材抽出物对哺乳动物生长的影响［J］．木材工业，2002，16（3）：19-21.

[19] 赵荣军，李坚，刘一星．木质居室环境对哺乳动物一些生理指标的影响［J］．林业科学，2004，40（3）：198-203.

[20] 铃木正治．木造住宅居住性研究［J］．木材学会志，1987，33（11）：829.

[21] 李坚．木材的生态学属性——木材是绿色环境人体健康的贡献者［J］．东北林业大学学报，2010，38（05）：1-8.